Kilavan Packiam Kannan
Senthamarai Manogaran
Tanya Susan George

Quitosana de fungos endofíticos

Kilavan Packiam Kannan
Senthamarai Manogaran
Tanya Susan George

Quitosana de fungos endofíticos

ScienciaScripts

Cover image: www.ingimage.com

This book is a translation from the original published under ISBN 978-3-659-89208-0.

Publisher:
Sciencia Scripts
is a trademark of
Dodo Books Indian Ocean Ltd. and OmniScriptum S.R.L publishing group

120 High Road, East Finchley, London, N2 9ED, United Kingdom
Str. Armeneasca 28/1, office 1, Chisinau MD-2012, Republic of Moldova, Europe
Managing Directors: Ieva Konstantinova, Victoria Ursu
info@omniscriptum.com

Printed at: see last page
ISBN: 978-620-8-57271-6

ÍNDICE DE CONTEÚDOS

CAPÍTULO 1. INTRODUÇÃO

O termo "endófito" tem sido utilizado na literatura há mais de 100 anos. Como originalmente definido por De Bary (1866), o termo denotava qualquer fungo cujas hifas invadiam tecidos ou células de organismos autotróficos vivos e ele foi o primeiro a distinguir os endófitos dos fungos epifílicos. Autores posteriores diferenciaram os endófitos dos fungos patogénicos com base no crescimento assintomático em condições húmidas (Petrini, 1991) e dos fungos formadores de micorriza com base na taxonomia (Bills e Polishook, 1991) e na especificidade dos tecidos.

Foi efectuada uma quantidade considerável de investigação sobre endófitos em regiões temperadas (Petrini, 1991). A investigação centrada nas associações de endófitos com plantas de regiões tropicais inclui palmeiras da Austrália, da Amazónia e das Bermudas (Southcott e Johnson, 1997; Taylor *et al.*, 1999; Frohlich *et al.*, 2000), *Opuntia stricta* (Fisher *et al.*, 1994), ao passo que a investigação sobre endófitos na Índia, particularmente no sul da Índia, é escassa, exceto a de Kumaresan e Suryanarayanan (2002), Kannan *et al.*, (2005), Bhuvaneswari (2008) e Huang (2008), onde realizaram estudos sobre *Azadirachta indica, Cuscuta reflexa, Ficus reflexa, Ficus benghalensis,* árvores tropicais e plantas medicinais selecionadas.

A quitina e o quitosano são dois polissacáridos que se encontram presentes nas paredes celulares da maioria das espécies de fungos. A quitina é o principal componente dos exoesqueletos dos artrópodes, como os crustáceos (por exemplo, caranguejos, lagostas e camarões) e os insectos, das rádulas dos moluscos e dos bicos dos cefalópodes, incluindo as lulas e os polvos. A quitina está amplamente distribuída nos fungos, ocorrendo em Basidiomycetes, Ascomycetes e Phycomycetes, onde é um componente das paredes celulares e membranas estruturais de micélios, talos e esporos. As quantidades variam entre vestígios e até 45% da fração orgânica, sendo o restante constituído principalmente por proteínas, glucanos e mananos (Roberts, 1992).

No entanto, nem todos os fungos contêm quitina, e o polímero pode estar ausente numa espécie que esteja intimamente relacionada com outra. As variações nas quantidades de quitina podem depender de parâmetros fisiológicos em ambientes naturais, bem como das condições de fermentação no processamento biotecnológico ou nas culturas de fungos. A quitina e os seus derivados têm um elevado valor económico devido às suas actividades biológicas versáteis e aplicações agroquímicas (Hirano, 1996; Wang e Huang, 2001). A quitina também se revelou útil para vários fins médicos e industriais.

A quitina serve como elemento de reforço fibroso responsável pela rigidez da parede celular. No entanto, existem várias outras funções da quitina e do quitosano. Os estudos mais recentes apontam para o facto de a quitina ser um bom indutor dos mecanismos de defesa das plantas (Linden *et al.,* 2000). Foi recentemente testada como um fertilizante que pode ajudar as plantas a desenvolverem respostas imunitárias saudáveis e a terem um rendimento e uma esperança de vida muito melhores. A quitina é utilizada industrialmente em muitos processos. As propriedades da quitina como material flexível e forte tornam-na favorável como fio cirúrgico. A sua biodegradabilidade significa que se desgasta com o tempo à medida que a ferida cicatriza. Além disso, a quitina tem algumas propriedades invulgares que aceleram a cicatrização de feridas nos seres humanos (Gupta *et al.,* 2008).

O quitosano é um polímero linear. Tem uma série de utilizações comerciais e possíveis utilizações biomédicas. O quitosano é produzido comercialmente por desacetilação da quitina (Knorr, 1991), que é o elemento estrutural dos exosqueletos dos crustáceos (caranguejos, camarões, etc.) e das paredes celulares dos fungos (Arcidiacono *et al.,* 1989).

Na agricultura, o quitosano é utilizado principalmente como tratamento natural de sementes e estimulante do crescimento das plantas e como substância biopesticida ecológica que reforça a capacidade inata das plantas para se defenderem contra infecções fúngicas (Linden *et al.,* 2000). As propriedades do quitosano permitem-lhe coagular rapidamente o sangue e foi recentemente aprovado em alguns países para utilização em ligaduras e outros agentes hemostáticos. Os produtos hemostáticos de quitosano reduzem a perda de sangue em comparação com os pensos de gaze e aumentam a sobrevivência dos doentes (Pusateri *et al.,* 2003).

Com esta breve introdução, o estudo que se segue foi realizado com os seguintes objectivos:

1.1 OBJECTIVOS

- Isolamento de fungos endofíticos de *Adathoda zeylanica* (Clarke e Bennet), *Coleus aromaticus* (Benth), *Myrica nagi* (Thunb) e *Vitex nugundo* (Linn), colhidos no jardim de ervas do Instituto de Tecnologia Bannari Amman, Sathyamangalam.
- Identificação de fungos endofíticos.
- Seleção de fungos endofíticos para a produção de quitina e quitosano.
- Extração e estimativa de quitosano a partir de fungos endofíticos selecionados.
- Purificação e caraterização do quitosano.

CAPÍTULO 2. REVISÃO DA LITERATURA

Das cerca de um milhão de espécies de fungos, cem mil estão associadas a organismos superiores. Muitas espécies de fungos desconhecidas ocupam todos os nichos vivos e não vivos da Terra (Strobel, 2002). Os organismos da linhagem fúngica incluem cogumelos, ferrugens, smuts, puffballs, trufas, morcelas, bolores e leveduras, bem como muitos organismos menos conhecidos. Foram descritas mais de 70.000 espécies de fungos; no entanto, algumas estimativas do número total sugerem a existência de 1,5 milhões de espécies (Hawksworth *et al.*, 1995).

A parede celular dos fungos ocupa cerca de 40% do volume da célula. A parede celular dos fungos contém uma série de polissacáridos e glicoproteínas que são únicos nos eucariotas e são essenciais para o crescimento e a viabilidade dos fungos. Normalmente, as paredes celulares dos micélios contêm cerca de 29% de glucano, 31% de manano e 25%-30% de quitina. A quitina está amplamente distribuída nos fungos, ocorrendo em Basidiomycetes, Ascomycetes, Zygomycetes e Phycomycetes, onde é um componente das paredes celulares dos micélios, talos e esporos. As variações nas quantidades de quitina na parede celular podem depender de parâmetros fisiológicos em ambientes naturais, bem como das condições de fermentação no processamento biotecnológico ou em culturas de fungos (Latge e Calderone, 2006).

No século ^{XIX}, um material foi isolado de um fungo e recebeu o nome de "Fungina". Mais tarde, um componente semelhante foi encontrado em constituintes dos exoesqueletos de insectos e foi designado por "quitina", que significa envelope em grego. Na mesma altura, a quitina foi tratada com uma solução alcalina concentrada e foi preparado o quitosano. Tanto a quitina como o quitosano são biopolímeros naturais obtidos a partir de carapaças de caranguejo e de camarão, como materiais residuais das indústrias marinha e de transformação de alimentos. Estes materiais são biodegradáveis, biocompatíveis e podem ser utilizados em algumas tecnologias.

2.1 FUNGOS ENDOFÍTICOS DE PLANTAS MEDICINAIS

As plantas medicinais e os seus endófitos são recursos importantes para a descoberta de produtos naturais. As plantas medicinais são conhecidas por albergarem endófitos

(Strobel, 2002) que, por sua vez, protegem o seu hospedeiro de agentes infecciosos e proporcionam também adaptabilidade para sobreviver em condições ambientais adversas. As plantas medicinais têm sido reconhecidas como um repositório de endófitos fúngicos com novos metabolitos de importância farmacêutica. Os vários produtos produzidos por fungos endofíticos possuem estruturas únicas e grandes bioactividades, representando um enorme reservatório que oferece um enorme potencial de exploração para fins medicinais, agrícolas e industriais (Tan e Zou, 2001).

Ravindra *et al.,* (2008) isolaram fungos endofíticos de *Catharanthus roseus.* Um total de 183 fungos endofíticos representando 13 taxa fúngicos foram isolados de tecidos de folhas, caule e raízes de *C. roseus* de dois locais representando dois ecossistemas diferentes no Norte da Índia. Curiosamente, com duas excepções (um celomiceto e um ascomiceto), todos os isolados eram Hyphomycetes. Os tecidos da raiz foram fortemente colonizados por géneros como *Alternaria*, *Cladosporium* e *Aspergillus.* No entanto, os tecidos foliares mostraram uma maior diversidade de endófitos e *Drechslera*, *Curvularia*, *Bipolaris*, *Alternaria* e *Aspergillus* sp. foram os fungos dominantes isolados.

Desde a descoberta do primeiro medicamento anticancerígeno do mundo, o paclitaxel (Taxol), a partir de *Pestalotiopsis microspora*, um fungo que não causa lesões aparentes na planta hospedeira, o interesse está a aumentar nos fungos parasitas sem sintomas, denominados "endófitos" (Bacon, 2000). O termo endófito é aplicado a fungos (ou bactérias) que vivem nos tecidos das plantas, durante todo ou parte do seu ciclo de vida e não causam infecções aparentes (Saikkonen *et al.,* 2004). Algumas espécies de fungos endofíticos foram identificadas como fontes de compostos anticancerígenos, antidiabéticos, insecticidas e imunossupressores. Além disso, os fungos endofíticos podem também produzir metabolitos que são termo-protectores.

Os metabólitos explorados nas indústrias farmacêutica e agrícola estão amplamente difundidos entre os fungos endofíticos. Hussain *et al.,* (2009) estudaram as investigações químicas e biológicas do fungo endofítico de um Ascomycete não identificado que foi isolado de *Meliotus dentatus* e levaram ao isolamento de seis metabolitos policetídeos conhecidos e dois esteróides. Estes compostos foram testados quanto às actividades antibacteriana, antialgal e antifúngica. Alguns mostraram uma boa atividade contra a alga *Chlorella fusca,* enquanto certos compostos foram activos contra a bactéria Gram negativa *Escherichia coli* e também contra a bactéria Gram positiva *Bacillus megaterium.*

2.2 QUITINA E QUITOSANO

Entre as novas famílias de macromoléculas biológicas, cuja importância é cada vez mais evidente, encontram-se a quitina e o seu principal derivado, o quitosano. As aplicações potenciais e úteis da quitina, do quitosano e dos seus derivados estão estimadas em mais de 200.

A produção anual de quitina é de cerca de 100×10^9 toneladas/ano. A quitina é fornecida pelos exoesqueletos dos crustáceos (caranguejo, camarão, etc.), pelas cartilagens dos moluscos (krill, lula, etc.), pelas cutículas dos insectos (barata, escaravelho, etc.) e pelas paredes celulares dos microrganismos (fungos). O quitosano é produzido através da desacetilação química da quitina. Atualmente, a principal fonte industrial de quitina e quitosano são os resíduos de conchas de caranguejos e camarões. Geralmente, os moluscos são compostos por 20% a 30% de quitina (Tokuyasu *et al.,* 1999).

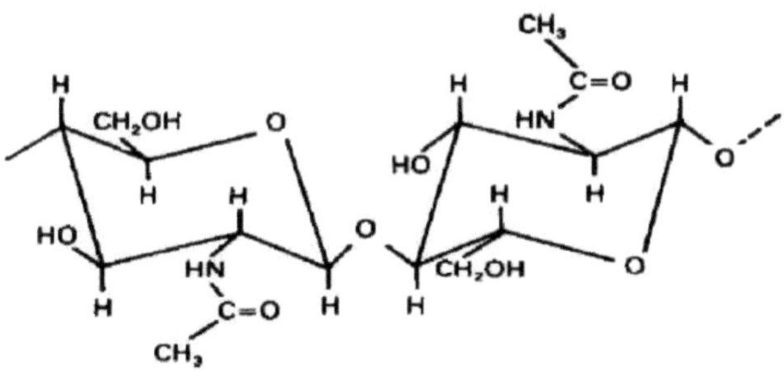

Fig. 2.1: Estrutura da quitina

A quitina (poli-N-acetilglucosamina) é o segundo polímero natural mais abundante na natureza a seguir à celulose. Este polímero encontra-se numa vasta gama de fontes naturais, como crustáceos, insectos, anelídeos, moluscos, celenterados e é um constituinte comum das paredes celulares dos fungos (Franco *et al.,* 2005). No entanto, o quitosano é menos comum nos organismos vivos do que a quitina e pode ser encontrado nas paredes celulares de certos grupos de fungos, nomeadamente Zigomicetas (Arcidiacono *et al.,* 1989; Arcidiacono e Kaplan 1992). Pode ser cultivada com nutrientes simples e é facilmente extraída da parede celular através de protocolos de extração alcalina ou ácida.

O quitosano é essencialmente composto por β-1, 4 D-glucosamina (GlcNAc) ligada a resíduos de N- acetil-D-glucosamina, derivados da des-N-acetilação da quitina (Tharanathan e Kittur, 2003; Amorim *et al,* 2005). O quitosano tem sido recentemente utilizado em muitos domínios, por exemplo, nos cosméticos, nos produtos farmacêuticos, nos aditivos alimentares e na agricultura. É utilizado como componente de pastas dentífricas, cremes para as mãos e para o corpo, champôs, cremes para o corpo, redução do colesterol sérico, imobilizador de células e enzimas, como transportador de medicamentos, material para a produção de lentes de contacto ou ligaduras para os olhos, etc. As caraterísticas antibacterianas e/ou antifúngicas naturais do quitosano e dos seus derivados (El-Ghaouth *et al.,* 1992; Kim *et al.,* 1997; Sudarshan *et al.,* 1992) levaram à sua utilização em desinfectantes comerciais. Foi demonstrado que tanto a quitina como o quitosano activam o sistema de defesa do hospedeiro e impedem a invasão de agentes patogénicos (Sudarshan *et al.,* 1992).

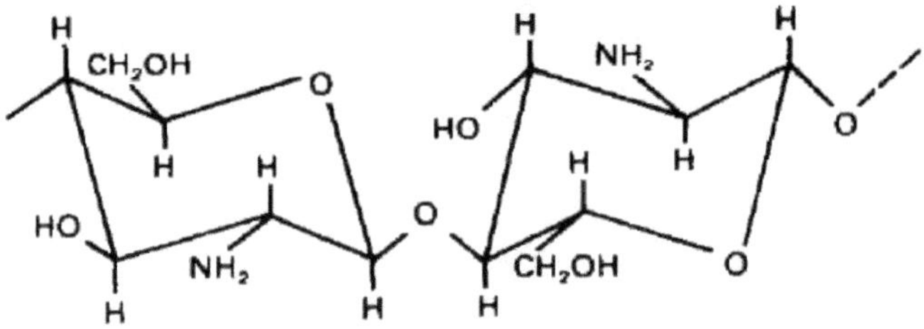

Fig. 2.2: Estrutura do quitosano

O estudo realizado por Limam *et al.,* (2011) demonstrou que podem ser gerados vários produtos de quitina e quitosano com elevadas actividades antibacterianas e fungicidas. As propriedades antioxidativas de vários extractos de quitina e quitosano são de grande interesse na indústria alimentar, uma vez que a sua possível utilização como aditivos naturais surgiu de uma tendência crescente para substituir os antioxidantes sintéticos por antioxidantes naturais. Devido às suas excelentes caraterísticas protectoras exibidas em testes de atividade antioxidante, os extractos de quitina e quitosano podem ser utilizados como uma fonte natural que pode ser livremente utilizada na indústria alimentar. Os seus resultados também indicam a possibilidade de explorar o quitosano como um inibidor eficaz de bactérias e fungos.

A fonte industrial tradicional de quitina são os resíduos de marisco provenientes da transformação de camarão, caranguejo e lagosta (Jeuniaux, 1978). Os caranguejos de água doce podem ser considerados como um material de pesca alternativo nas águas doces que já foram objeto de sobrepesca. Verificou-se que os caranguejos de água doce também podem ser cultivados como fonte de quitina porque é mais fácil e mais barato recolhê-los e capturá-los do que os crustáceos marinhos (Bolat *et al.,* 2010). Foi demonstrado que é possível produzir quitosano de qualidade elevada e consistente a partir de cascas de camarão-tigre preto, o que pode ser obtido através do pré-tratamento das cascas com ácido salicílico diluído. O quitosano de camarão produzido desta forma pode ser utilizado como uma boa fonte de matéria-prima para outros pós-processamentos de quitosano, entre outras aplicações (Toan, 2011). No entanto, os problemas relacionados com a oferta sazonal e limitada, os locais de produção confinados, a variabilidade do produto no material de origem conduz à inconsistência, bem como a conversão química da quitina em quitosano, parecem ter limitado a potencial aceitação industrial deste polímero. Foram sugeridas várias fontes alternativas de matérias-primas industriais de quitina, mas não se registaram progressos significativos no estabelecimento de novas tecnologias conducentes à produção controlada em grande escala de quitosano.

Avanços recentes na tecnologia de fermentação sugerem que a cultura em grande escala de um organismo que contém quitosano pode ser uma via atractiva para a produção deste polímero. Assim, esta tecnologia pode ser utilizada para ultrapassar muitos dos problemas acima mencionados através da cultura de fungos produtores de quitosano (White *et al.,* 1979; Rane e Hoover, 1993; Kucera, 2004). Os relatórios mostraram que este organismo pode ser facilmente cultivado com nutrientes simples e que o quitosano da parede celular pode ser facilmente extraído. Os micélios de vários fungos, incluindo Ascomycetes, Zygomycetes, Basidiomycetes e Deutermoycetes, são fontes alternativas de quitina e quitosano (Pochanavanich e Suntornsuk, 2002). Os fungos são considerados uma fonte promissora de quitosano, uma vez que as propriedades físicas do quitosano extraível dos fungos podem ser manipuladas através da regulação de factores como a composição do meio de crescimento e os parâmetros de processamento no protocolo de extração (Lena *et al.*, 1994).

Além disso, os micélios fúngicos têm níveis mais baixos de materiais inorgânicos em comparação com as conchas de crustáceos, e não é necessário qualquer tratamento de desmineralização durante o processamento (Teng *et al.*, 2001). Considerando as quantidades significativas de resíduos de origem fúngica acumulados nas indústrias de produção e fermentação de cogumelos, e as despesas envolvidas na gestão dos resíduos, a produção de produtos de valor acrescentado altamente funcionais pode constituir uma solução rentável para a indústria (Wu *et al.*, 2005).

No entanto, subsistem ainda alguns problemas, como o elevado custo dos meios de cultura. Parece que seria possível realizar um processo económico de produção de quitosano se este pudesse ser produzido por fungos utilizando resíduos lignocelulósicos baratos. Assim, foram efectuados alguns estudos para tentar o crescimento de espécies fúngicas em fontes baratas e facilmente disponíveis, tais como em condições de fermentação em estado sólido (SSF), utilizando palha de arroz como substrato básico. Foi demonstrado que a utilização da técnica SSF à escala de bancada produziu uma quantidade superior e uma qualidade elevada de quitosano por *R. oryzae*. Esta técnica proporciona uma nova via económica e eficiente, adequada para o aumento direto da produção industrial em grande escala de quitosanos de alta qualidade (Khalaf, 2004).

A biomassa fúngica também pode ser produzida por fermentação submersa (SmF). A SmF tem uma vantagem específica, uma vez que este método de fermentação permite um controlo mais fácil dos parâmetros de fermentação, tais como o pH e a concentração de nutrientes no meio de fermentação (Arcidiacono e Kaplan, 1992). Em geral, os meios referidos para a produção de quitosano a partir de fungos contêm normalmente extrato de levedura, D-glucose e peptona. Foram efectuados poucos estudos sobre o efeito de alterações na proporção de componentes individuais do meio, especialmente fontes de carbono, e sobre a utilização de nutrientes baratos para a produção de quitosano. Amorim *et al.*, (2006) realizaram um trabalho para investigar fontes de carbono pouco dispendiosas provenientes do processo da cana-de-açúcar, como o sumo de cana-de-açúcar, para o crescimento fúngico e a produção de quitosano a partir de *Cunninghamella bertholletiae* em cultura submersa e a sua qualidade foi analisada.

Foram realizados estudos para determinar os efeitos do tratamento alcalino e ácido utilizado no protocolo de extração na qualidade do quitosano em termos do grau de desacetilação e da cor do quitosano produzido (Kannan *et al.*, 2010).

2.3 EXTRACÇÃO DE QUITOSANO

O quitosano é preparado por hidrólise dos grupos acetamida da quitina. Este processo é normalmente efectuado através de um tratamento de hidrólise alcalina grave devido à resistência destes grupos imposta pela disposição *trans* dos substituintes C2-C3 no anel de açúcar.

Foi desenvolvido um método rápido de extração em duas fases para obter quitosano fúngico de alta qualidade de *Absidia glauca.* Quando comparado com os métodos de extração existentes, este procedimento é eficiente, poupa tempo e mão de obra e pode tratar amostras pequenas e grandes. Além disso, o quitosano obtido por este método é essencialmente isento de impurezas (Hu *et al.,* 1999).

Foi desenvolvido um novo método para a extração de quitosano da parede celular de zigomicetos. Baseia-se na solubilidade dependente da temperatura do quitosano em ácido sulfúrico diluído (Zamani *et al.,* 2007). O mesmo autor melhorou o estudo acima mencionado, tendo melhorado o processo de extração e minimizado a perda de quitosano fúngico durante o processo, bem como a quantidade de contaminantes presentes no quitosano isolado (Zamani *et al.,* 2010).

2.4 CARACTERIZAÇÃO DO QUITOSANO

As caraterísticas da quitina e do quitosano têm um grande efeito nas suas propriedades e, por conseguinte, nas suas possíveis aplicações. De facto, nem todas as amostras de quitina ou quitosano podem ser utilizadas para as mesmas aplicações. É por isso que é obrigatória uma caraterização completa das amostras. Os principais parâmetros que afectam as propriedades do polímero são o grau de desacetilação (DD), o peso molecular (Mw), a polidispersão e a cristalinidade. Para aplicações relacionadas com o consumo humano, tais como aplicações alimentares e médicas, é necessário determinar a pureza (teor de cinzas) (Li *et al.*, 1992), a humidade e o teor de metais pesados, endotoxinas e proteínas.

Foi referido que o grau de desacetilação é uma das caraterísticas químicas mais importantes, que pode influenciar o desempenho do quitosano em muitas das suas aplicações (Baxter *et al.*, 1992). A influência do peso molecular médio no desenvolvimento da viscosidade de soluções aquosas desempenha um papel significativo na importância bioquímica e biofarmacológica do quitosano (Tharanathan *et al*, 2003).

Mesmo os quitosanos mais bem caracterizados disponíveis no mercado são geralmente descritos apenas no que respeita ao seu grau médio de acetilação e ao seu grau médio de polimerização (DP), ao seu teor de cinzas e à ausência de bactérias contaminantes. Para além dos critérios acima referidos, a distribuição dos grupos acetilo ao longo da espinha dorsal linear das moléculas de quitosano pode ser de importância crucial na definição das interações com os sistemas biológicos (Moerschbacher *et al.*, 2007).

2.5PROPRIEDADES BIOLÓGICAS DA QUITINA E DO QUITOSANO

A quitina e o quitosano são atualmente objeto de grande interesse no que diz respeito a aplicações médicas e farmacêuticas, uma vez que possuem propriedades interessantes que os tornam adequados para utilização no domínio biomédico, como a biocompatibilidade, a biodegradabilidade e a não toxicidade. Além disso, foram também comunicadas outras propriedades, tais como analgésicas, antitumorais, hemostáticas, hipocolesterolémicas, antimicrobianas e antioxidantes (Koide *et al.*, 1998; Kumar *et al*, 2004).

Verificou-se que os oligómeros de quitosano possuem actividades antitumorais testadas *in vitro* e *in vivo* (Jeon *et al.*, 2002), bem como atividade anticoagulante quando testadas *in vitro* (Park *et al.*, 2004). Tanto a quitina como o quitosano apresentam também efeitos analgésicos (Okamoto *et al.*, 1993).

2.5.1 Biodegradabilidade

A quitina e o quitosano estão ausentes nos mamíferos, mas podem ser degradados *in vivo* por várias proteases (lisozima, papaína, pepsina, etc.). A sua biodegradação leva à libertação de oligossacáridos não tóxicos de comprimento variável que podem ser subsequentemente incorporados em glicosaminoglicanos e glicoproteínas, em vias metabólicas ou ser excretados (Pangburn *et al.*, 1982). A lisozima, uma protease não específica presente em todos os tecidos dos mamíferos, parece desempenhar um papel de degradação da quitina e do quitosano (Francis *et al.*, 2000).

2.5.2 Atividade antitumoral

A atividade antitumoral do quitosano tem sido reivindicada pela inibição do crescimento de células tumorais, principalmente devido a um efeito de estimulação imunitária. Verificou-se que os oligómeros de quitosano possuem actividades antitumorais testadas tanto *in vitro* como *in vivo* (Jeon *et al.*, 2002). Estudos efectuados com ratos que ingeriram quitosano de baixo peso molecular revelaram efeitos antimetastáticos significativos do quitosano contra o carcinoma do pulmão de Lewis. Ueno *et al.*, (2001) estudaram o efeito do quitosano no crescimento tumoral e nas metástases. Sugere-se que a ativação dos macrófagos pelo quitosano medeia os seus efeitos antitumorais *in vivo,* enquanto as suas propriedades indutoras angiogénicas podem ser os efeitos nocivos do quitosano, tais como a promoção do crescimento e da invasão do tumor.

2.5.3 Atividade antimicrobiana

A atividade antimicrobiana da quitina, do quitosano e dos seus derivados contra diferentes grupos de microrganismos, tais como bactérias, leveduras e fungos, tem recebido uma atenção considerável nos últimos anos. Foram sugeridos dois mecanismos principais como causa da inibição das células microbianas pelo quitosano. A interação com grupos aniónicos na superfície celular, devido à sua natureza policádica, provoca a formação de uma camada impermeável à volta da célula, que impede o transporte de solutos essenciais (Helander *et al.,* 2001). O segundo mecanismo envolve a inibição da síntese de RNA e de proteínas por permeação no núcleo da célula.

Foi efectuado um trabalho que demonstra um método simples para produzir novas películas de nanocompósitos de prata de quitosano e PVA. As películas de nanocompósitos de prata que foram desenvolvidas apresentaram uma resistência mecânica bastante boa e propriedades antimicrobianas superiores. Além disso, o trabalho também demonstrou um método promissor para combinar nanocompósitos de prata com um composto natural (curcumina) no desenvolvimento de novos agentes antimicrobianos, que podem encontrar aplicações potenciais em materiais de embalagem antimicrobianos e curativos/queimaduras de feridas (Vimala *et al.,* 2011).

2.5.4Atividade Anticolesterolemica

São vários os mecanismos propostos para a redução do colesterol pelo quitosano. As últimas descobertas neste domínio consideram mais do que uma hipótese. Pensa-se que o aprisionamento provocado por uma solução viscosa de polissacáridos reduz a absorção das gorduras e do colesterol na alimentação. Por outro lado, a presença do grupo amino na sua estrutura determina a força eletrostática entre o quitosano e as substâncias aniónicas, como os ácidos gordos e os ácidos biliares. Muzzarelli *et al.* (2006) propõem a formação espontânea de sais de quitosano insolúveis a partir de ácidos biliares, cuja natureza hidrofóbica deve permitir a recolha de colesterol e lípidos por interação hidrofóbica. Para demonstrar esta teoria, foi utilizado um quitosano comercial de qualidade alimentar com DD 87 e Mw médio de 150 kDa.

Embora tenham sido feitos grandes esforços para estabelecer uma correlação entre as caraterísticas físico-químicas do quitosano e a sua capacidade de ligação de gorduras, apenas foram demonstradas algumas relações significativas. No *et al.,* (2000) utilizaram seis quitosanos disponíveis no mercado com caraterísticas físico-químicas variáveis e demonstraram que a capacidade de ligação de gorduras estava negativamente correlacionada com a densidade aparente de forma significativa, ao passo que apresentava uma tendência para se correlacionar positivamente com o Mw.

Uma contribuição recente examinou e comparou onze preparações de quitosano relativamente à sua capacidade de ligação de gorduras *in vitro*, à capacidade de ligação de ácidos biliares individuais, à DD, à viscosidade da solução e ao volume de dilatação. Observou-se que a amostra de quitosano com a capacidade de ligação mais forte a um ácido biliar selecionado não apresentava necessariamente a capacidade de ligação mais forte a outros ácidos biliares. Não foi detectada qualquer correlação entre a capacidade individual de ligação a ácidos biliares e quaisquer outras propriedades físico-químicas testadas do quitosano. Estes dados sugerem que o Mw, tal como refletido pela viscosidade da solução, DD ou capacidade de inchaço, pode não ser utilizado para prever a capacidade de ligação de ácidos biliares do quitosano (Zhou *et al.*, 2006).

2.6 APLICAÇÕES DA QUITINA E DO QUITOSANO

A quitina e o quitosano têm um grande valor económico devido às suas actividades biológicas versáteis e aplicações químicas, principalmente nas áreas médica (Yadav e Bhise, 2004) e farmacêutica. A vasta gama de aplicações destes polímeros tem sido amplamente estudada (Dos *et al.*, 2003). O quitosano apresenta propriedades peculiares, tais como: biodegradabilidade, biocompatibilidade, bioatividade, permeabilidade selectiva, ação polieletrolítica, quelação, propriedades de troca iónica, atividade antitumoral e antimicrobiana (Dos *et al.*, 2003; Yadav e Bhise, 2004) e capacidade de adsorção (Tharanathan e Kittur, 2003). Têm uma vasta gama de aplicações que incluem a cicatrização de feridas (Minagawa *et al.*, 2007), a entrega de genes (Mumper, *et al.*, 1995), a engenharia de tecidos (Ho *et al.*, 2005), etc.

2.6.1Cicatrização de feridas

A quitina e o quitosano activam imunócitos e células inflamatórias, como macrófagos, fibroblastos e células angioendoteliais. Estes efeitos estão relacionados com o DD das amostras, apresentando a quitina um efeito mais fraco do que o quitosano (Ueno *et al.*, 2001). Os oligómeros de quitosano também exibiram propriedades de cicatrização de feridas, sugerindo-se que as suas propriedades de cicatrização de feridas se devem à sua capacidade de estimular a produção de fibroblastos ao afetar o fator de crescimento dos fibroblastos. A produção subsequente de colagénio facilita ainda mais a formação de tecido conjuntivo (Howling *et al.*, 2001). Recentemente, foram estudados os efeitos dos oligómeros e monómeros de quitina e quitosano na cicatrização de feridas (Minagawa *et al.*, 2007).

2.6.2 Entrega de genes

Devido à sua carga positiva, o quitosano tem a capacidade de interagir com moléculas negativas, como o ADN. Esta propriedade foi utilizada pela primeira vez para preparar um vetor não viral para um sistema de entrega de genes por Mumper em 1995. A utilização do quitosano como vetor não viral para a entrega de genes oferece várias vantagens em comparação com os vectores virais. Principalmente, o quitosano não produz recombinação endógena, efeitos oncogénicos ou reacções imunológicas (Ferber, 2001). Além disso, os complexos quitosano/ADN podem ser facilmente preparados a baixo custo. O Mw do quitosano é um parâmetro fundamental na preparação de complexos quitosano/ADN, uma vez que a eficiência da transfecção está fortemente correlacionada com o Mw do quitosano. O quitosano de elevado peso molecular produz complexos muito estáveis, mas a eficiência da transfecção é muito baixa. Para melhorar a eficiência da transfecção, estudos recentes examinaram a utilização de quitosanos de baixo Mw (Park *et al.*, 2003) e de oligómeros (Koping-Hoggard *et al.*, 2004) em vectores de entrega de genes.

Recentemente, Liu *et al.*, (2008) referiram que os ratos alimentados com dietas que continham o quitosano mais desacetilado reduziam significativamente o colesterol plasmático. O quitosano com Mw elevado limitou significativamente o ganho de peso corporal de ratos adultos. Quando a DD e o tamanho das partículas foram considerados, o quitosano com maior Mw também apresentou uma melhor capacidade de ligação ao colesterol *in vitro.*

2.6.3 Biocatálise

A quitina e o quitosano têm sido amplamente utilizados como suportes para a imobilização de enzimas e células devido às suas caraterísticas adequadas. Ambos os suportes apresentam uma densidade, estabilidade mecânica e rigidez adequadas. Na imobilização por adsorção, as enzimas ou células são ligadas ao material de suporte através de interações superficiais reversíveis. As forças envolvidas são as forças de Van der Waals, as interações iónicas e de ligação H, bem como as forças hidrofóbicas. Devido à baixa quantidade de grupos amino livres na sua superfície, a quitina pode ser considerada como um suporte neutro e existe uma baixa possibilidade de interação através de ligações H ou forças iónicas. À medida que a quantidade de grupos amino livres aumenta, as forças iónicas e de ligação H adquirem maior relevância. Quando se ligam a suportes não carregados, como a quitina, as proteínas apresentam a sua adsorção máxima no seu ponto isoelétrico (Hackmam, 1955). Por outro lado, quando o suporte é carregado, a interação máxima ocorre quando tanto a enzima como o suporte apresentam cargas opostas. O quitosano é um polímero carregado positivamente a um pH inferior ao seu pKa (6,4) e, nestas condições, as proteínas carregadas negativamente ligam-se facilmente ao quitosano.

2.6.4Tratamento de águas residuais

A contaminação química da água por uma vasta gama de produtos tóxicos, tais como metais, moléculas aromáticas, corantes, etc., constitui um grave problema ambiental devido à sua potencial toxicidade para o homem. A utilização de polímeros de baixo custo, como a quitina e o quitosano, para remover os poluentes da água é de grande interesse (Crini, 2005).

Zhang e Schiewer, (2005) estudaram o efeito do grau de desacetilação e da cristalinidade das amostras de quitina e quitosano (DD de 10 a 90%) na adsorção de As (V). Os seus resultados também apoiam o papel da cristalinidade na adsorção de As (V). Wong *et al.,* (2008) estudaram a adsorção de cinco corantes ácidos em amostras de quitina e quitosano. Sugeriram que o mecanismo de adsorção envolve um processo de uma etapa em que os corantes formam complexos com os grupos amino livres. Ao variar o DD de 52% para 97%, foi observada uma diminuição na capacidade de adsorção do corante, sugerindo que uma maior amorfização pode causar alterações na estrutura interna do quitosano e reduzir a capacidade de adsorção.

Para além do DD e do Mw, a pureza (teor de proteínas e pigmentos) da amostra é outro aspeto que afecta a eficácia dos materiais quitinosos no domínio do tratamento de águas residuais, uma vez que afecta a acessibilidade dos grupos amino livres aos poluentes. Assim, a escolha de uma amostra quitinosa para um poluente específico dependerá de vários factores, tais como o tipo de poluente, as caraterísticas do polímero (principalmente DD, cristalinidade e Mw) e as caraterísticas da água (pH, força iónica). No entanto, como regra geral, o quitosano é preferível à quitina na grande maioria das aplicações. Para além disso, as amostras de quitosano com baixa cristalinidade e elevado DD são geralmente preferidas (Aranaz *et al.,* 2009).

CAPÍTULO 3. MATERIAIS E MÉTODOS

As técnicas laboratoriais gerais seguidas no presente inquérito foram as descritas por Booth (1971).

3.1 LIMPEZA DE OBJECTOS DE VIDRO

Foram utilizados vidros das marcas Corning e Borosil. Foram mantidos em solução de limpeza de ácido crómico (dicromato de potássio a 10% em ácido sulfúrico a 15%) durante algumas horas e lavados cuidadosamente com água da torneira, seguida de soluções detergentes e água destilada. Os objectos de vidro foram depois secos numa estufa de ar quente.

3.2 ESTERILIZAÇÃO

Os meios de cultura e os vidros foram esterilizados num autoclave a 151lbs durante 15 minutos a 121°C.

3.3 MÉDIO USADO

O meio Potato Dextrose Agar (PDA) foi utilizado para o isolamento de endófitos de plantas medicinais selecionadas.

3.3.1 Composição média

Batata	200g
Dextrose	30g
Ágar	25g
Água destilada	1000ml

Foram pesadas 200 g de batatas, descascadas e fervidas em água destilada. O extrato de batata fervida foi obtido por filtração e foi-lhe adicionada água destilada até perfazer 1000 ml. A estes 1000 ml de extrato de batata, adicionaram-se 30 g de dextrose e 25 g de ágar. O pH foi ajustado para 6,5 e o meio foi então esterilizado numa autoclave em 151bs a 121°C durante 15 minutos.

3.4 PROCEDIMENTOS DE CAMPO E DE LABORATÓRIO

3.4.1 Recolha de amostras

Para adquirir endófitos, foram colhidas folhas e caules saudáveis de *Adathoda zeylanica* (Clarke e Bennet), *Coleus aromaticus* (Benth), *Myrica nagi* (Thunb) e *Vitex nugundo* (Linn), utilizando sacos de polietileno estéreis e separados, no seu habitat natural, no Herbal Garden do Bannari Amman Institute of Technology, Sathyamangalam. As amostras foram levadas para o laboratório e processadas no prazo de 24 horas, de acordo com Fisher *et al.,* (1994).

3.4.2 Isolamento de endófitos

As amostras recolhidas foram primeiro lavadas cuidadosamente em água corrente da torneira. De *Adathoda zeylanica* (Clarke e Bennet), *Coleus aromaticus* (Benth), *Myrica nagi* (Thunb) e *Vitex nugundo* (Linn), 50 segmentos de cada um dos diferentes tecidos (folha e caule) foram selecionados para a presença de endófitos fúngicos. Segmentos de folhas (aprox. 0,5cm-1cm) de plantas saudáveis foram cortados ao longo da porção média e foram esterilizados à superfície seguindo um método de Dobranic *et al.,* (1995). Os segmentos foram mergulhados em etanol a 70% durante 5 segundos, imersos em hipoclorito de sódio a 4% durante 90 segundos e enxaguados em água esterilizada durante 10 segundos. 50 segmentos das plantas foram colocados em meio PDA modificado com ampicilina (150mg). Os tecidos do caule foram cortados em segmentos de 1 cm e esterilizados à superfície segundo o método de Fisher *et al.* (1994). Os segmentos de caule foram mergulhados em etanol a 75% durante 60 segundos, imersos em hipoclorito de sódio a 4% durante 180 segundos e mergulhados em etanol a 75% durante 30 segundos. Foram plaqueados 200 segmentos em meio PDA com ampicilina (150 mg).

3.4.3 Incubação e isolamento

Dez segmentos das plantas hospedeiras foram colocados em 20 ml de meio PDA em placas de Petri e selados com parafilme. As placas de Petri foram incubadas à temperatura ambiente durante um período de quatro semanas. As placas de Petri foram observadas periodicamente e os fungos que cresceram a partir dos tecidos foram transferidos para placas de PDA frescas.

3.4.4 Preparação de lâminas permanentes

Para a preparação de lâminas permanentes, foram utilizados os corantes lactofenol e lactofenol com azul de algodão. As lâminas foram seladas com DPX mountant.

3.4.5 Mancha utilizada

3.4.5.1 Preparação de azul de algodão com lactofenol

Azul algodão	50mg
Fenol	25g
Ácido lático	25g
Glicerol (puro)	50g
Água destilada	100ml

O lactofenol foi prontamente preparado aquecendo o fenol num banho de água até à sua dissolução, sendo depois adicionado ácido lático e glicerol. Em seguida, completou-se o volume até 100 ml com água destilada, após o que se adicionou azul de algodão.

3.4.5.2 Instruções para a preparação de lâminas

1. Colocou-se uma gota de solução de azul de lactofenol numa lâmina.
2. Utilizando uma agulha de inoculação, a cultura fúngica foi cuidadosamente espalhada numa preparação fina.
3. Colocou-se uma lamela sobre a gota e baixou-se lentamente sobre ela. Deve evitar-se a formação de bolhas de ar sob a lamela.
4. A lâmina com a cultura de fungos foi fixada pelo calor, passando-a ligeiramente sobre uma chama.
5. A lâmina foi então observada ao microscópio.

3.4.6 Identificação de fungos e fotografia

Os isolados esporulados foram identificados com a ajuda de manuais normalizados. A confirmação das espécies de fungos foi feita após observação ao microscópio de luz e foram tiradas fotografias com uma câmara digital Sony 8.1MP.

3.4.7 Análise estatística

3.4.7.1 Colonização Percentagem de frequência (CF %)

A frequência de colonização de uma única espécie de endófito foi calculada pelo método de Fisher *et al.,* (1994) e foi igual ao número de segmentos colonizados dividido pelo número total de segmentos observados x 100.

$$CF\% = \frac{\text{Number of Colonized Segments}}{\text{Total Number of Segments}} \times 100$$

3.5 CULTURAS DE FUNGOS EM FRASCOS

Os fungos selecionados foram cultivados em frascos cónicos em caldo de dextrose de batata (PDB)

emendada com ampicilina (150 mg) durante um período de 3-4 semanas à temperatura ambiente para obter biomassa adequada para a extração de quitosano da mesma.

3.5.1 Composição média

Batata	200g
Dextrose	30g
destilada	1000ml

Foram pesadas 200 g de batatas, descascadas e fervidas em água destilada. O extrato de batata fervida foi obtido por filtração e foi-lhe adicionada água destilada até perfazer 1000 ml. A estes 1000 ml de extrato de batata, foram adicionados 30 g de dextrose. O pH foi ajustado para 6,5 e o meio foi então esterilizado numa autoclave em 15lbs a 121°C durante 15 minutos.

3.6 COLHEITA DE FUNGOS

Os micélios foram colhidos por filtração através de papel de filtro Whatman n.º 4 e lavados com água destilada até se obter um filtrado límpido. Os micélios foram recolhidos e secos numa estufa a 40°C até a humidade ser completamente removida. Em seguida, foram triturados num almofariz e pilão e depois transformados num pó fino utilizando um moinho elétrico e armazenados à temperatura ambiente para análises e extracções posteriores.

3.7 EXTRACÇÃO DE QUITOSANO

Os micélios fúngicos foram colhidos e foram adicionados 50 ml de solução de hidróxido de sódio (NaOH) 1N por gm (peso húmido) de micélios e homogeneizados. O conteúdo foi esterilizado a 121 °C durante 20 minutos (tratamento alcalino). Os materiais insolúveis em álcali (MIA) foram recolhidos por centrifugação a 6000 rpm durante 20 minutos e, em seguida, lavados várias vezes com água destilada para os neutralizar (pH 7). Os AIM foram secos numa estufa a 40°C. Em seguida, foram tratados com ácido acético 2% (v/v), como solvente de quitosano, em condições de refluxo durante 8 horas a 95°C (1:30 p/v). A fração insolúvel em ácido foi separada por centrifugação a 6000 rpm durante 15-20 minutos e o sobrenadante contendo o quitosano foi isolado. O pH foi ajustado para 10 com uma solução de NaOH 2N de modo a precipitar o quitosano fúngico. O quitosano floculado foi então centrifugado a 6000 rpm, durante 15 minutos (Nwe *et al.*, 2001; Chatterjee *et al.*, 2005).

3.8 PURIFICAÇÃO DO QUITOSANO

O quitosano isolado foi lavado quatro a cinco vezes com água destilada para o neutralizar. Depois disso, utilizou-se etanol (96%) e acetona para enxaguar o quitosano e, em seguida, secou-se num secador de estufa a vácuo a 60°C (Nwe *et al.*, 2001; Chatterjee *et al.*, 2005).

3.9 CARACTERIZAÇÃO DO QUITOSANO

3.9.1 Espectroscopia de infravermelhos FTIR (Infravermelhos com transformada de Fourier)

As amostras de quitosano produzidas foram caracterizadas em pastilhas de KBr utilizando um espetrofotómetro de infravermelhos na gama de 400 a 4000 cm^{-1} (ABB MB3000).

3.9.1.1 Preparação da amostra

Aproximadamente 1,5 mg (0,0015 g) da amostra de quitosano seca e finamente dividida foi colocada num almofariz pequeno e limpo. Adicionaram-se em seguida 200 mg (0,20 g) de KBr seco, de qualidade espectrofotométrica, ao mesmo almofariz. Utilizando um pilão limpo, a mistura foi triturada com firmeza e misturada vigorosamente durante vários minutos, ou até a amostra ficar reduzida a um pó muito fino. A mistura foi então colocada num molde de aço inoxidável e um O-ring foi colocado sobre ele. Aplicando pressão sobre a mistura de pós, obtém-se um disco fino e transparente que é utilizado no espetrofotómetro para a análise da amostra de quitosano.

CAPÍTULO 4. RESULTADOS E DISCUSSÃO

4.1 PARTE I: RASTREIO DO MICOBIOTA ENDOFÍTICO DE PLANTAS MEDICINAIS SELECCIONADAS

4.1.1 Isolamento do Mycobiota Endofítico de *Adathoda zeylanica* (Clarke e Bennet)

Cinquenta segmentos (aproximadamente 0,5 cm^2) de cada um dos tecidos da folha e do caule de *Adathoda zeylanica* (Clarke e Bennet) (Placa la) foram esterilizados (tal como mencionado nos Materiais e Métodos, Capítulo 3.4.2) e analisados quanto à presença de fungos endofíticos.

4.1.1.1 Fungos endofíticos isolados de folhas de *Adathoda zeylanica* (Clarke e Bennet)

No total, foram isolados dos tecidos foliares 48 isolados de 7 espécies de fungos endofíticos pertencentes a 6 géneros. Entre elas, 4 espécies *Aspergillus flavus* , *A. niger*, *Cladosporium cladosporioides* e *Fusarium* Sp. pertencem a Hyphomycetes com frequências de colonização de (14%), (2%), (32%) e (20%) respetivamente, e as restantes espécies *Phoma* Sp., *Phomopsis* Sp. e *Phyllostica* Sp. pertencem a Coelomycetes com CF% de (22%), (6%) e (4%) (Quadro 4.1).

A percentagem relativa de ocorrência de fungos endofíticos foi máxima em Hypomycetes (68%) seguida de Coelomycetes (32%).

4.1.1.2 Fungos endofíticos isolados do caule de *Adathoda zeylanica* (Clarke e Bennet)

Um total de 49 isolados de 6 espécies de fungos pertencentes a 5 géneros foram isolados dos tecidos do caule. Entre eles, 4 espécies como *Aspergillus flavus*, *A. niger*, *Cladosporium cladosporioides* e *Fusarium* Sp., pertencem a Hyphomycetes com frequências de colonização de (22%), (26%), (18%) e (16%), e as restantes 2 espécies como *Botryodiplodia theobromae* e *Phoma* Sp. pertencem a Coelomycetes com frequências de colonização de (8%) e (16%).

A percentagem relativa de ocorrência de fungos endofíticos foi máxima em Hyphomycetes (72%) seguido de (28%).

Tabela 4.1: Frequência de colonização de fungos endofíticos registados nos tecidos de *Adathoda zeylanica* (Clarke e Bennet)

S. Não	Espécies	Frequência de colonização em percentagem (%)	
		Folhas	Caule
	(a).Hifomicetos		
1	*Aspergillus flavus*	14	22
2	*A. niger*	2	26
3	*Cladosporium cladosporioides*	32	16
4	*Fusarium* Sp.	20	8
	(b). Coelomicetos		
5	*Botryodiplodia theobromae*	-	8
6	*Phoma* Sp.	22	16
7	*Phomopsis* Sp.	6	-
8	*Phyllosticta* Sp.	4	-
	Número total de espécies	**7**	**6**
	Número total de isolados	**48**	**49**

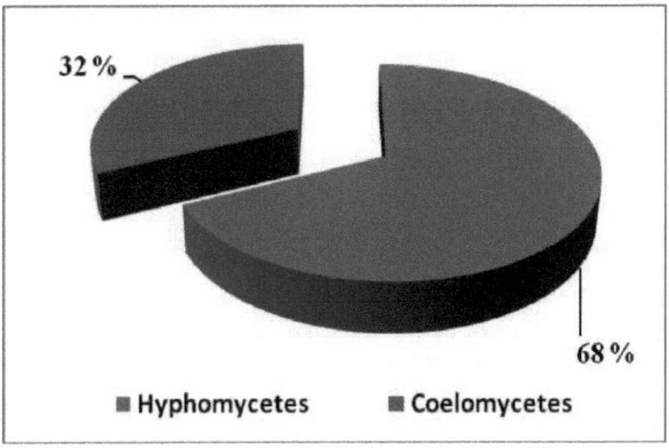

Fig 4.1a: Ocorrência percentual relativa de diferentes grupos de fungos endofíticos registados em *Adathoda zeylanica* (Clarke e Bennet) (Folha)

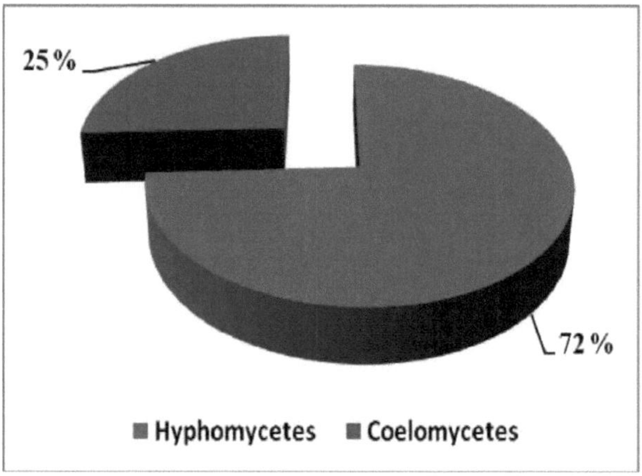

Fig 4.1b: Ocorrência percentual relativa de diferentes grupos de fungos endofíticos registados em *Adathoda zeylanica* (Clarke e Bennet) (Caule)

4.1.2 Isolamento de Mycobiota Endofítica de *Coleus aromaticus* (Benth)

Cinquenta segmentos (aprox. 0,5 cm^2) de cada um dos tecidos da folha e do caule de *Coleus aromaticus* (Placa Id) foram esterilizados (tal como mencionado nos Materiais e Métodos, Capítulo 3.4.2) e analisados quanto à presença de fungos endofíticos.

4.1.2.1 Fungos endofíticos isolados da folha de *Coleus aromaticus* (Benth)

Uma soma de 50 isolados de 4 espécies de fungos pertencentes a 3 géneros, entre os quais 3 eram Hyphomycetes i.e. *Aspergillus niger* constituiu a maior frequência de colonização (26%) seguido por *Cladosporium cladosporioides* (24%) e *Fusarium* sp. (22%) foram isolados de tecidos de folhas.

4.1.2.2 Fungos endofíticos isolados do caule de *Coleus aromaticus* (Benth)

Um total de 50 isolados de 5 espécies de fungos pertencentes a 5 géneros foram registados a partir de tecidos do caule, entre os quais *Cladosporium cladosporioides* e *Fusarium* Sp. pertencem a Hyphomycetes com frequências de colonização de (40%) e (14%) respetivamente, e as restantes 3 espécies *Collectotrichum gleosporioides,*

Phoma Sp, e *Phyllosticta* Sp, pertencem a Coelomycetes com frequências de colonização de (4%), (36%), (4%) e (5%), respetivamente.

A percentagem relativa de ocorrência de fungos endofíticos foi máxima registada em Hyphomycetes (55,10%) seguido de Coelomycetes (44,89%).

Tabela 4.2: Frequência de colonização dos fungos endofíticos registados nos tecidos de *Coleus aromaticus* (Benth)

S.N.	Espécies	Frequência de colonização em percentagem (%)	
		Folhas	Caule
	(a).Hifomicetos		
1	*Aspergillus niger*	26	-
2	*Cladosporium cladosporioides*	24	40
3	*Fusarium* Sp.	22	14
	(b). Coelomicetos		
4	*Collectotrichum gleosporioides*	-	4
5	*Phoma* Sp.	28	36
6	*Phyllosticta* Sp.	-	4
	Número total de espécies	**4**	**5**
	Número total de isolados	**50**	**50**

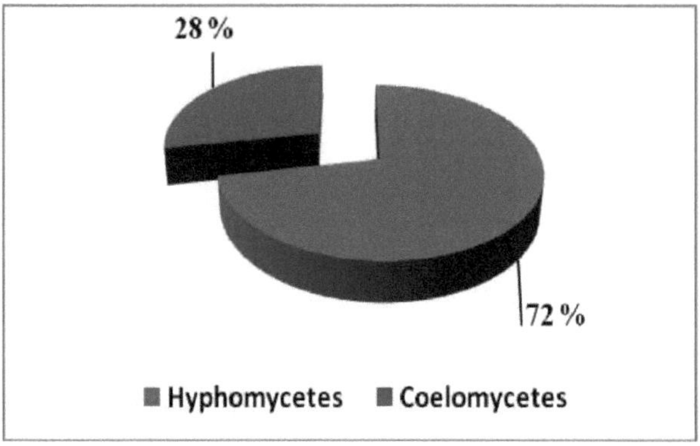

Fig 4.2a: Ocorrência percentual relativa de diferentes grupos de fungos endofíticos registados em *Coleus aromaticus* (Benth) (Folha)

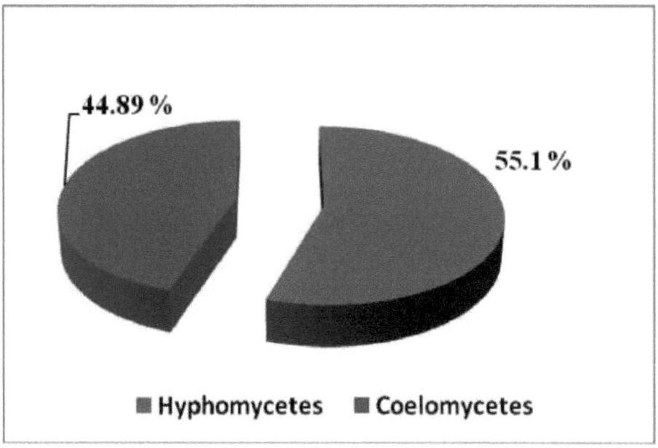

Fig 4.2b: Ocorrência percentual relativa de diferentes grupos de fungos endofíticos registados em *Coleus aromaticus* (Benth) (Caule)

4.1.3 Isolamento de Mycobiota Endofítica de *Myrica nagi* (Thunb)

Cinquenta segmentos (aprox. 0,5 cm^2) de cada um dos tecidos da folha e do caule de *Myrica nagi* (Thunb) (Placa Ib) foram esterilizados (tal como mencionado nos Materiais e Métodos, Capítulo 3.4.2) e analisados quanto à presença de fungos endofíticos.

4.1.3.1 Fungos endofíticos isolados de folhas de *Myrica nagi* (Thunb)

No total, foram registados 42 isolados de 3 espécies de fungos pertencentes a 3 géneros nos tecidos foliares, entre os quais *Aspergillus* Sp. pertence a Hyphomycetes com 44%

de frequência de colonização e os restantes *Botryodiplodia theobromae* e *Phomopsis* Sp. pertencem a Coelomycetes com 18% e 38% de frequência de colonização.

A percentagem relativa de ocorrência de fungos endofíticos foi registada no máximo em Hyphomycetes (68%) seguido de (32%) em Coelomycetes.

4.1.3.2 Fungos endofíticos isolados do caule de *Myrica nagi* (Thunb)

Um total de 30 isolados de 4 espécies de fungos pertencentes a 4 géneros foram registados nos tecidos do caule, entre os quais *Aspergillus* Sp. e *Fusarium* Sp. pertencem a Hyphomycetes com frequências de colonização de 24% cada e os restantes *Phoma* Sp. e *Phomopsis* Sp. pertencem a Coelomycetes com frequências de colonização de 32% e 20% respetivamente.

A percentagem relativa de ocorrência de fungos endofíticos foi registada no máximo em Hyphomycetes (75%) seguido de (25%) em Coelomycetes.

Tabela 4.3: Frequência de colonização de fungos endofíticos registados nos tecidos de *Myrica nagi* (Thunb)

S.N.	Espécies	Frequência de colonização em percentagem (%)	
	(a).Hifomicetos	**Folhas**	**Caule**
1	*Aspergillus* Sp.	44	24
2	*Fusarium* Sp.	-	24
	(b). Coelomicetos		
3	*Botryodiplodia theobromae*	18	-
4	*Phoma* Sp.	-	32
5	*Phomopsis* Sp.	38	20
	Número total de espécies	**3**	**4**
	Número total de isolados	**42**	**38**

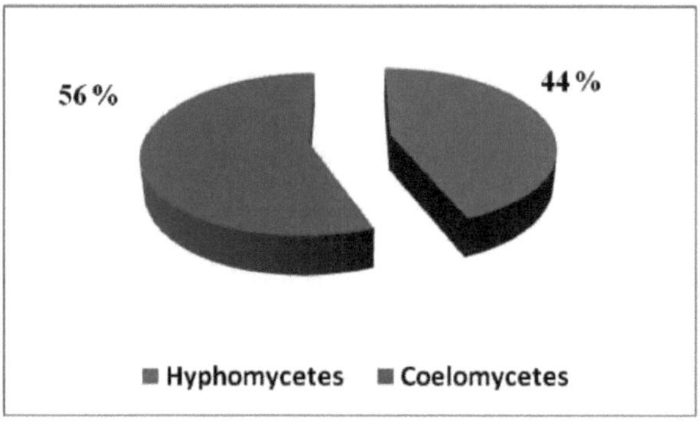

Fig 4.3a: Ocorrência percentual relativa de diferentes grupos de fungos endofíticos registados em *Myrica nagi* (Thunb) (Folha)

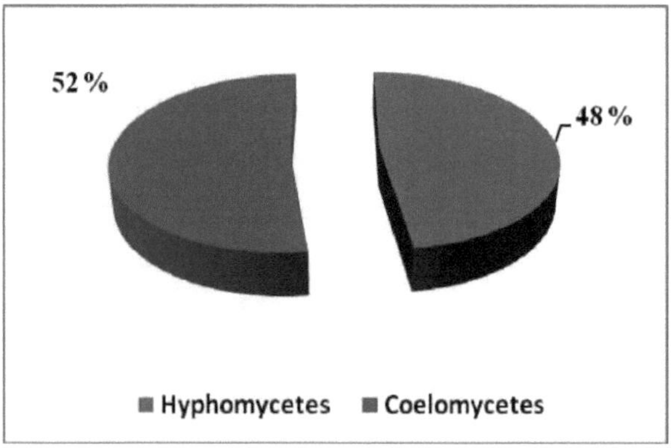

Fig 4.3b: Ocorrência percentual relativa de diferentes grupos de fungos endofíticos registados em *Myrica nagi* (Thunb) (Caule)

4.1.4Isolamento de micobiota endofítico de *Vitex nugundo* (Linn)

Cinquenta segmentos (aprox. 0,5 cm^2) de cada um dos tecidos da folha e do caule de *Vitex nugundo* (Linn) (Placa Ic) foram esterilizados (como mencionado nos Materiais e Métodos, Capítulo 3.4.2) e analisados quanto à presença de fungos endofíticos.

4.1.4.1 Fungos endofíticos isolados da folha de *Vitex nugundo* (Linn)

Foram registados 48 isolados de 6 espécies fúngicas pertencentes a 5 géneros, entre os quais *Aspergillus flavus, A.niger, Cladosporium cladosporioides, Fusarium* Sp. e *Pénicillium* Sp. pertencem a Hyphomycetes com frequências de colonização de 2%, 45%, 48%, 28% e 4% respetivamente e o restante *Botryodiplodia theobromae* tem 14% de frequência de colonização pertencente a Coelomycetes.

A percentagem relativa de ocorrência de fungos endofíticos foi registada no máximo em Hyphomycetes (72%) seguido de (28%) em Coelomycetes.

4.1.4.2 Fungos endofíticos isolados do caule de *Vitex nugundo* (Linn)

Foi registado um total de 42 isolados de 5 espécies de fungos pertencentes a 4 géneros a partir de tecidos do caule de *Vitex nugundo* (Linn). *Aspergillus flavus* e *A. niger* pertencem a Hyphomycetes com frequências de colonização de 40% e 26% respetivamente e as restantes 3 espécies como *Colletrotrichum gleosporioides, Phoma* Sp. e *Phomopsis* Sp. pertencem a Coelomycetes com a CF% de 25%, 22% e 10% respetivamente.

A percentagem relativa de ocorrência de fungos endofíticos foi registada no máximo em Hyphomycetes (55,10%) seguido de (44,89%) em Coelomycetes.

Tabela 4.4: Frequência de colonização dos fungos endofíticos registados nos tecidos de *Vitex nugundo* (Linn)

S.N.	Espécies	Frequência de colonização em percentagem (%)	
		Folhas	Caule
	(a).Hifomicetos		
1	*Aspergillus niger*	2	40
2	*A.flavus*	4	-
3	*Cladosporium cladosporioides*	48	26
4	*Fusarium* Sp.	28	-
5	*Pénicillium* Sp.	4	-
	(b). Coelomicetos		
6	*Colletrotrichum gleosporioides*	-	2
7	*Phoma* Sp.	14	22
8	*Phomopsis* Sp.	-	10

Número total de espécies	6	5
Número total de isolados	48	42

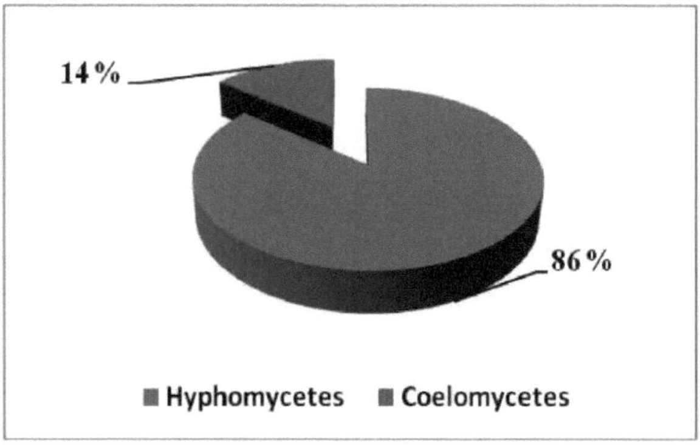

Fig 4.4a: Ocorrência percentual relativa de diferentes grupos de fungos endofíticos registados em *Vitex nugundo* (Linn) (Folha)

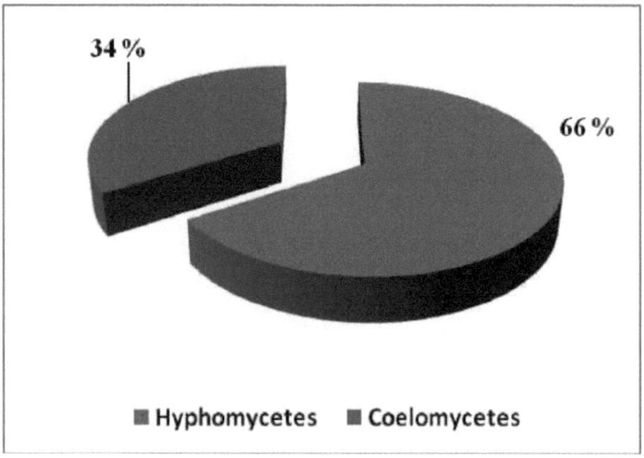

Fig 4.4b: Percentagem relativa de ocorrência de diferentes grupos de fungos endofíticos registados em *Vitex nugundo* (Linn) (Caule)

4.1.1.5 Diversidade das espécies

O número máximo de espécies foi registado em *Adathoda zeylanica* (Clarke e Bennet) e *Vitex nugundo* (Linn) com 8 espécies cada, seguido de *Coleus aromaticus* (Benth) (6) e *Myrica nagi* (Thunb) com 5 espécies.

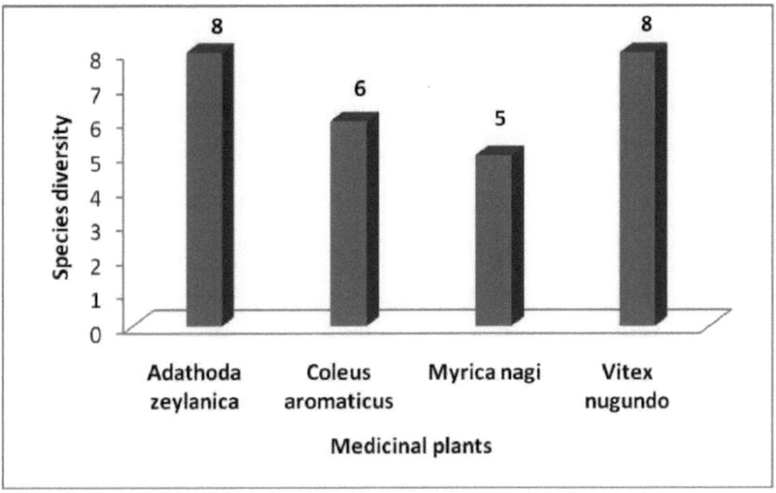

Fig 4.5 Diversidade de espécies registada nas plantas medicinais

4.2 PARTE II: PRODUÇÃO DE QUITOSANO

4.2.1 Rastreio de fungos endofíticos para a extração de quitosano

Os fungos endofíticos isolados dos tecidos da folha e do caule de *Adathoda zeylanica* (Clarke e Bennet), *Coleus aromaticus* (Benth), *Myrica nagi* (Thunb) e *Vitex nugundo* (Linn) foram selecionados com base numa seleção aleatória para a extração de quitosano.

4.2.1.1 Lista de endófitos selecionados para extração de quitosano

1. *Aspergillusflavus*
2. *Botryodiplodia theobromae*
3. *Cladosporium cladosporium*
4. *Fusarium* Sp.
5. *Phoma* Sp.

4.2.2 Extração de quitosano

O quitosano foi extraído dos micélios fúngicos seguindo o procedimento explicado no Capítulo 3.7 e os resultados são apresentados no Quadro 4.1. Das cinco espécies fúngicas selecionadas para o processo de extração, três delas produziram quantidades pesáveis de quitosano *viz. Aspergillus flavus, Cladosporium cladosporioides* e *Phoma* Sp. enquanto duas delas produziram quantidades não rastreáveis, ou seja, *Botryodiplodia theobromae* e *Fusarium* Sp. Por conseguinte, os seus resultados não puderam ser incluídos no presente relatório. Não houve uma grande diferença nos rendimentos de quitosanos extraídos de *Cladosporium cladosporioides* e *Phoma* Sp. com 25,2mg/500ml e 31,1mg/500ml, respetivamente, e *Aspergillus flavus* produziu uma quantidade mais elevada de quitosano (57,0mg/500ml) em comparação com a obtida das outras espécies.

Tabela 4.5: Biomassa, AIM e quitosano extraível obtidos a partir de fungos

S. NÃO.	FUNGI	BIOMASSA (g/500ml)	AIM (g)	RENDIMENTO DE QUITOSANA (mg)
1	*Fusarium* Sp.	2.01	-	-
2	*Aspergillus flavus*	1.98	1.36	57.0
3	*Cladosporium cladosporioides*	1.18	0.76	25.2
4	*Phoma* Sp.	1.25	0.89	31.1
5	*Botryodiplodia theobromae*	1.34	-	-

Como se mostra na Tabela 4.5, a biomassa produzida por *Aspergillus flavus, Cladosporium cladosporioides* e *Phoma* Sp. em 500ml de meio de cultura após 2-3 semanas foi pesada e encontrada como sendo 1,98g/500ml, 1,18g/500ml e 1,25g/500ml, respetivamente. Os AIMs para os fungos foram de 1,36g *(Aspergillus flavus),* 0,76g *(Cladosporium cladosporioides)* e 0,89g *(Phoma* Sp.). As quitosanas extraídas deles foram pesadas e *o Aspergillus flavus* produziu uma quantidade máxima de 57,0mg/500ml, seguido pelo *Phoma* Sp. que produziu 31,1mg/500ml e *o Cladosporium cladosporioides* produziu 25,2mg/500ml.

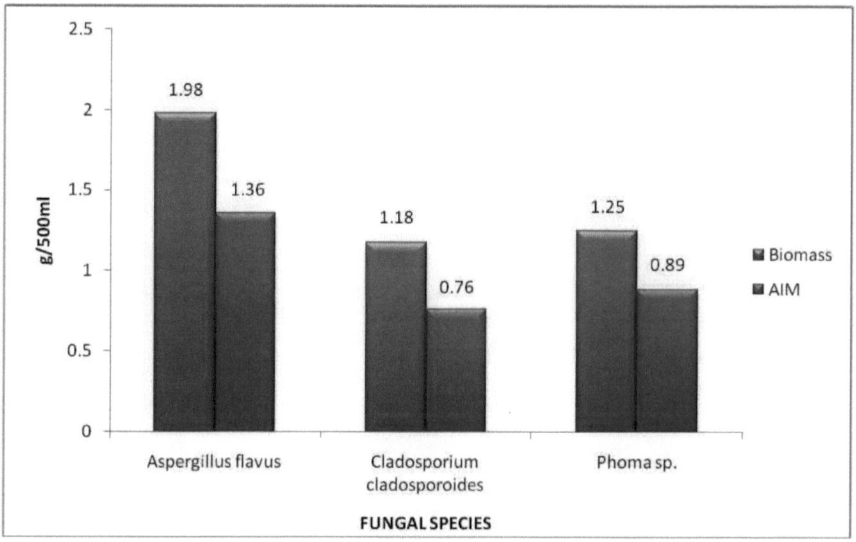

Fig. 4.6: Gráfico representando a Biomassa e o AIM dos fungos endofíticos.

A Figura 4.8 mostra as comparações entre o AIM e a biomassa obtida dos fungos selecionados. *O Aspergillus flavus* tem uma produção máxima de biomassa de 1,98g/500ml, seguido do *Phoma* Sp. e *do Cladosporium cladosporioides* com 1,25g/500ml e 1,18g/500ml, respetivamente. Da mesma forma, os AIMs obtidos durante o processo de extração de quitosano dos fungos também foram máximos para *Aspergillus flavus* com 1,36g, *Phoma* Sp. com 0,89g e *Cladosporium cladosporioides* com 0,76g.

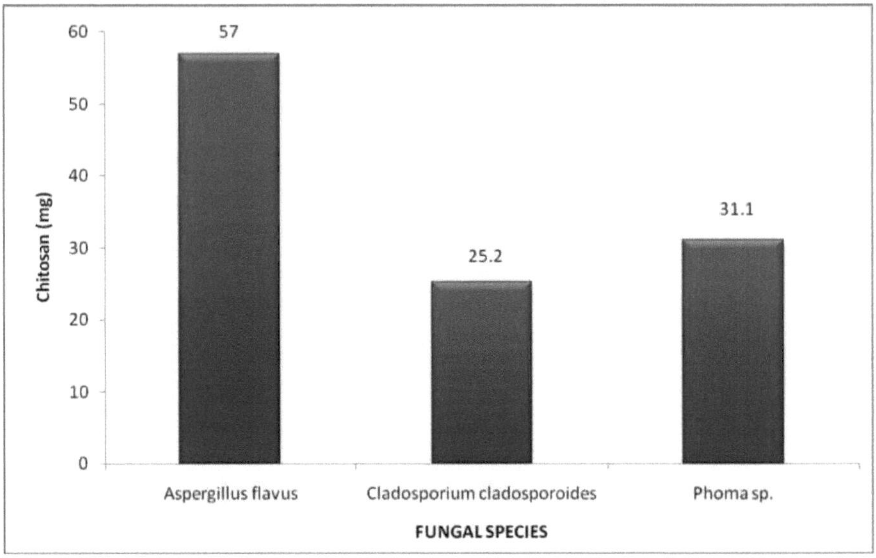

Fig 4.7 : Gráfico que mostra a produção de quitosano a partir das espécies de fungos.

Foi feita uma comparação dos quitosanos extraídos de cada uma das espécies fúngicas selecionadas, como se mostra na Figura 4.9, com *Aspergillus flavus* a produzir a maior quantidade de quitosano com 57,0mg/500ml, seguido de *Phoma* Sp. que produziu 31,1mg/500ml e *Cladosporium cladosporioides* que produziu 25,2mg/500ml.

4.2.3 Caracterização do quitosano

4.2.3.1 Análise FTIR (Infravermelhos com Transformada de Fourier)

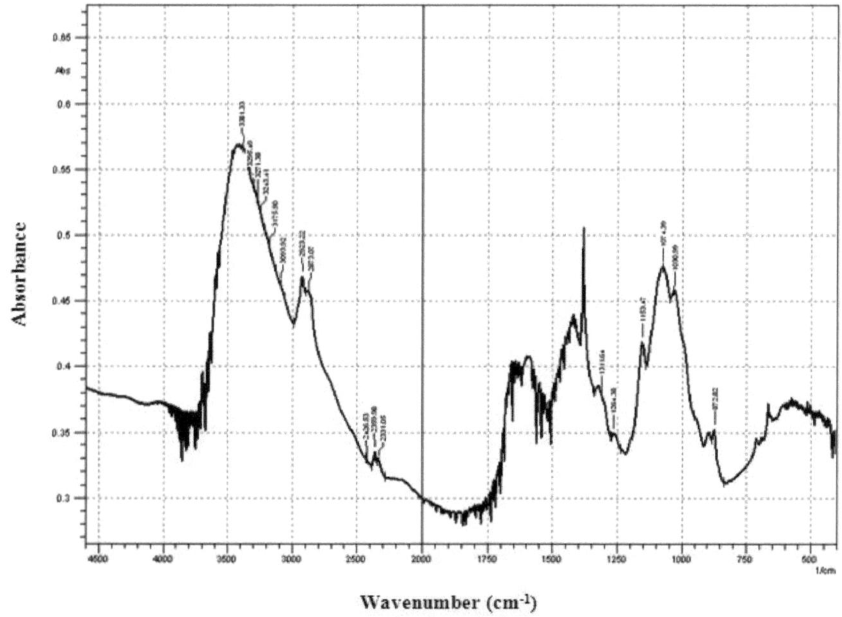

Fig. 4.8 : Espectro FTIR do quitosano comercial de cascas de caranguejo

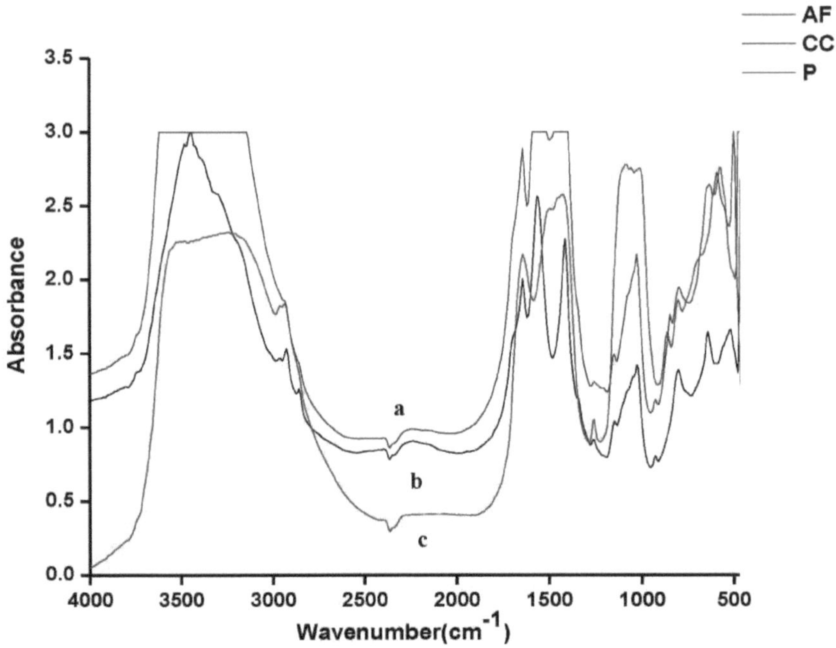

Fig 4.9: Espectros FTIR de quitosanos isolados *a. Phoma* Sp., *b. Aspergillus flavus c. Cladosporium cladosporioides.*

A estrutura do quitosano extraído foi confirmada por análise FTIR (Fig. 4.10). Neste estudo, os espectros de infravermelhos das três amostras isoladas de quitosano foram analisados e comparados com o espetro de infravermelhos do quitosano comercial das cascas de caranguejo (Fig. 4.11). As fracções isoladas apresentaram espectros de IV semelhantes aos do quitosano comercial. Assim, os resultados indicaram uma forte semelhança entre os compostos comerciais e os extraídos.

Em geral, o quitosano apresenta bandas a 3000-3500 cm^{-1} (ligação NH) e a 1400-1650 cm^{-1} (ligação C=O) (Chatterjee *et al.*, 2005). Os espectros do quitosano mostraram (Fig. 4.10 e Fig. 4.11) uma banda de absorção larga no intervalo 3000cm $^{-1}$- 3500cm $^{-1}$ atribuída a vibrações de estiramento O-H. Os picos em torno de 2885, 1650, 1589,1326 e 1080 cm $^{-1}$ no espetro de FT-IR do quitosano mostrado na Fig. 4.10 e 4.11 são devidos às vibrações de estiramento de ligações alifáticas CH, Amida I (deformação -NH de -$NHCOCH_3$), Amida II, Amida III (Miya *et al.,1980)* e C-O-C, respetivamente. Estas são caraterísticas do polissacárido quitosano (Radhakumary *et al.*, 2003).

O quitosano pode ser produzido em maiores quantidades através da cultura em massa dos fungos, utilizando técnicas de fermentação em grande escala. Uma vez que as fontes de resíduos de marisco são sazonais e variáveis, a utilização de fontes alternativas de quitosano, principalmente fungos, é muito vantajosa. Além disso, trata-se de uma técnica ecológica e rentável em comparação com os métodos químicos utilizados para a extração de quitosano de crustáceos. Ao otimizar as condições de cultura, é possível produzir quitosano de melhor qualidade, que pode ser utilizado em aplicações médicas ou alimentares.

DISCUSSÃO

4.3.1 Rastreio do Mycobiota endofítico de plantas medicinais selecionadas

Desde a descoberta do primeiro medicamento anticancerígeno do mundo no valor de mil milhões de dólares, o paclitaxel (Taxol), a partir do *Pestalotiopsis microspora,* um fungo que coloniza o teixo dos Himalaias, *Taxus wallichiana*, sem causar lesões aparentes na planta hospedeira, o interesse pelos fungos parasitas sem sintomas, denominados "endófitos", tem vindo a aumentar (Bacon, 2000). O termo endófito é aplicado a fungos (ou bactérias) que vivem nos tecidos das plantas, durante todo ou parte do seu ciclo de vida e não causam infecções aparentes (Saikkonen *et al.*, 2004). Estes endófitos são um grupo ubíquo, diverso e ecologicamente especializado de fungos que crescem de forma assintomática nos tecidos aéreos das plantas, tais como folhas e caules (Petrini, 1991; Wilson, 1995). Previu-se que a grande maioria da diversidade fúngica não descrita se encontra em plantas tropicais associadas a fungos, mas a diversidade e os papéis ecológicos dos endófitos em angiospérmicas e gimnospérmicas tropicais estão, na sua maioria, totalmente inexplorados.

Biológica e ecologicamente, representam necessidades nutricionais que vão desde parasitas biotróficos a saprótrofos facultativos. Podem também representar um grande reservatório de diversidade genética inexplorada. As aplicações práticas destes endófitos são múltiplas: como potenciais agentes de biocontrolo, fontes de novos metabolitos secundários para terapêutica, proteção de plantas, várias aplicações industriais e como sistemas modelo para estudar as interações hospedeiro-micróbio em ecossistemas naturais. Os endófitos podem ter muitos efeitos no seu hospedeiro, como o aumento do stress, a resistência a insectos e doenças (Clay e Holah, 1999), actividades herbicidas, quando em associação com os hospedeiros. A colonização e a propagação dos endófitos e dos seus metabolitos secundários no interior das plantas podem ser fundamentais para estes efeitos. Estes efeitos indicam que os endófitos podem ser potenciais agentes de controlo biológico e desempenharão um papel importante na agricultura ecológica.

Os endófitos também constituem fontes valiosas de metabolitos secundários para a descoberta de novos fármacos terapêuticos potenciais. As investigações de fungos endofíticos nos trópicos ganharam recentemente importância, embora tenham ocorrido numa grande variedade de plantas em zonas temperadas do mundo (Petrini, 1991). Muitos relatórios mostraram que, nas relações micróbio-planta, os endófitos contribuem com substâncias que possuem vários tipos de bioactividades, tais como agentes antimicrobianos e antifúngicos. As gramíneas infectadas com endófitos apresentam uma excelente resistência aos danos causados por insectos. Os investigadores descobriram que muitos compostos, como os alcalóides, são tóxicos para muitos animais, insectos, etc.

Os endófitos que foram isolados das quatro plantas medicinais*, nomeadamente Adathoda zeylanica* (Clarke e Bennet)*, Coleus aromaticus* (Benth), *Myrica nagi* (Thunb) e *Vitex nugundo* (Linn) do Herbal Garden do Bannari Amman Institute of Technology, Sathyamangalam, mostraram uma diversidade de espécies variada que incluía *Aspergillus* Sp.*, Phoma* Sp.*, Phomopsis* Sp.*, Clasosporium* Sp. e assim por diante.

Um total de 100 segmentos de tecidos de folhas e caules foram selecionados para o isolamento de fungos endofíticos. Em *Adathoda zeylanica* (Clark e Bennet), a percentagem relativa de ocorrência de fungos endofíticos foi máxima em Hypomycetes (68%) seguida de Coelomycetes (32%). Em *Coleus aromaticus* (Benth), a percentagem relativa de ocorrência de fungos endofíticos foi máxima registada em Hyphomycetes (55,10%) seguido de Coelomycetes (44,89%). Em *Myrica nagi* (Thunb), a percentagem relativa de ocorrência de fungos endofíticos foi registada no máximo em Hyphomycetes (75%) seguido de (25%) em Coelomycetes e em *Vitex nugundo* (Linn), a percentagem relativa de ocorrência de fungos endofíticos foi registada no máximo em Hyphomycetes (55,10%) seguido de (44,89%) em Coelomycetes.

4.3.2 Produção de quitosano

A quitina é um polissacárido formado por unidades de N-acetil-Dglucosamina. Em todo o mundo, depois da celulose, é o segundo biopolímero mais abundante e está presente em invertebrados, insectos, diatomáceas marinhas, algas, fungos e em crustáceos como o caranguejo, o camarão e a lagosta (Synowiecki e Al-Khateeb, 2003). O quitosano é um poliaminossacárido obtido pela desacetilação alcalina da quitina e a sua fórmula fechada é $C_4H_{11}NO_4$. O quitosano quase nunca se dissolve em água, mas é fracamente solúvel em ácidos orgânicos, como os ácidos fórmico e acético.

Industrialmente, o quitosano é derivado da desacetilação química da quitina, utilizando um álcali forte, um produto residual dos exoesqueletos de crustáceos obtidos após a transformação industrial de marisco. Este processo está sujeito a uma oferta sazonal e limitada e polui o ambiente, devido à grande quantidade de resíduos de solução alcalina concentrada. Uma alternativa para resolver estes problemas é a produção fúngica de quitosano, cuja principal vantagem é o facto de ser amiga do ambiente. Os processos tradicionais de extração química parecem ter um potencial limitado na produção de quitosano para aplicações médicas devido às suas propriedades físico-químicas inadequadas.

O desenvolvimento de aplicações para o quitosano tem-se expandido rapidamente nos últimos anos. O quitosano, por ser policátionico, não tóxico, biodegradável e antimicrobiano, tem muitas aplicações, especialmente nos sectores agrícola, alimentar e farmacêutico. Tem sido utilizado na imobilização de enzimas, no tratamento de águas residuais, como aditivo alimentar e anticolesterolémico, na cicatrização de feridas e em produtos farmacêuticos em vários sistemas de administração de medicamentos.

Neste estudo, foram selecionadas cinco espécies fúngicas para a extração de quitosano, *nomeadamente Acremonium* Sp., *Aspergillus flavus, Cladosporium cladosporioides, Phoma* Sp. e *Trichoderma* Sp., das quais foi possível extrair quitosano em quantidades quantificáveis de *Aspergillus flavus, Cladosporium cladosporioides* e *Phoma* Sp., ao passo que o quitosano extraído de *Fusarium* Sp. e *Botryodiplodia theobromae* não foi mensurável. Os procedimentos de extração seguiram os processos normalizados de extração alcalina e ácida, tal como referido por Maghsoodi *et al.*, (2009).

Foram registadas diferentes quantidades de produção de quitosano a partir de diferentes espécies de fungos. Muzzarelli *et al.* (1994) obtiveram cerca de 1,8 g/l de quitosano a partir de *Absidia coerulea* utilizando o meio YPG, enquanto Davoust e Persson (1992) registaram um rendimento de 2,8 g/l utilizando glucose, levedura e meios minerais. Foram também comunicados vários outros estudos que mostram a produção de quitosano a partir de espécies fúngicas como *Rhizopus oryzae* (Kleekayai e Suntornsuk, 2010), *Aspergillus niger* (Maghsoodi *et al.*, 2008), *Cunninghamella elegans* utilizando o meio de inhame (Stamford *et al.*, 2007), etc. Mas os estudos que envolvem as espécies selecionadas para este estudo não são muito extensos.

Neste estudo, o quitosano produzido por *Aspergillus flavus, Cladosporium cladosporioides* e *Phoma* Sp. foi de 57,0mg/500ml, 25,2mg/500ml e 31,1mg/500ml. O rendimento do quitosano produzido neste trabalho foi inferior ao da produção de quitosano nos relatórios anteriores que utilizaram outras estirpes de fungos. A otimização adicional das condições de cultura foi relatada em vários relatórios anteriores, tais como Kim *et al.*, (2001), Khalaf, (2004), Amorim *et al.*, (2006) e assim por diante. Estas podem ser efectuadas para obter um melhor rendimento e uma maior qualidade do quitosano extraído para estudos posteriores. Os resultados confirmaram que o teor de quitosano dos fungos depende das estirpes de fungos, da idade dos micélios, do meio de cultura e das condições. O teor de quitosano dos micélios fúngicos também depende do método de extração de quitosano (White *et al.*, 1979).

A espetroscopia de infravermelhos com transformada de Fourier (FTIR) é uma técnica amplamente utilizada para caraterizar materiais orgânicos (incluindo polímeros) e compostos inorgânicos. A espetroscopia de infravermelhos tem sido referida como uma técnica rápida e comummente utilizada para avaliações qualitativas e quantitativas das caraterísticas da quitina e do quitosano, especialmente dos seus grupos funcionais e do grau de acetilação/desacetilação, bem como das impurezas (Baxter *et al.,* 1992). Foram propostas várias bandas como bandas de referência interna do quitosano: a banda de estiramento OH a 3.450 cm^{-1}; as bandas de estiramento C-H a 2.870-2.880 cm^{1}; as vibrações esqueléticas que envolvem a banda de estiramento C-O-C a 1.030-1.070 cm^{-1}; a flexão -CH2 centrada a 1.420 cm^{-1}; o estiramento anti-simétrico da ponte C-O-C em torno de 1,160 cm^{-1}; 1,315-1,320 cm^{-1} (banda de amida III); 1,620-1,630 cm^{-1} (flexão -NH de NH2); e 890-900 cm^{-1} (ponte C-O-C, bem como ligação glucosídica) (Kasaai 2008).

Os resultados obtidos neste estudo também foram semelhantes aos registados por Kasaai (2008) e Khan et al. (2002). Além disso, ficou implícito que as condições de extração não afectariam os grupos funcionais do quitosano fúngico.

CAPÍTULO 5. CONCLUSÃO E MELHORIAS FUTURAS

5.1 CONCLUSÃO

Os fungos endofíticos foram isolados com êxito das quatro plantas medicinais, *Adathoda zeylanica* (Clarke e Bennet), *Coleus aromaticus* (Benth), *Myrica nagi* (Thunb) e *Vitex nugundo* (Linn) e incluíam várias espécies, tais como *Phoma* Sp., *Aspergillus* Sp., *Trichoderma* Sp., *Cladosporium* Sp. e assim por diante. Foram selecionadas cinco espécies de fungos para realizar a extração de quitosano, *nomeadamente Fusarium* Sp., *Aspergillus flavus, Cladosporium cladosporioides, Phoma* Sp. e *Botryodiplodia theobromae*. O quitosano pode ser extraído de três deles utilizando procedimentos alcalinos e ácidos normais. As amostras de quitosano assim obtidas foram caracterizadas por análise FTIR e a confirmação do quitosano foi efectuada comparando os picos com os observados utilizando quitosano comercial obtido a partir de cascas de caranguejo. A produção de quitosano a partir de fungos endofíticos pode ser proposta como uma alternativa à produção a partir de carapaças de crustáceos, como caranguejos, moluscos, camarões, etc., especialmente porque as técnicas de fermentação utilizadas são amigas do ambiente e mais baratas em comparação com os métodos químicos agressivos utilizados para a extração destes últimos. Os rendimentos do quitosano produzido a partir delas foram adequados e podem ser aumentados para produção em grande escala.

5.2 FUTURAS MELHORIAS

A produção de quitosano a partir destes fungos pode ainda ser optimizada para melhorar o rendimento na produção em grande escala. As condições de extração e processamento (força, tempo e ácidos) podem também ser optimizadas. A manipulação genética do sistema fúngico num futuro próximo poderá também aumentar a produção deste importante biopolímero.

APÊNDICE

Fig. 6.1 PLANTAS MEDICINAIS SELECCIONADAS PARA O ISOLAMENTO DE ENDOFÍDEOS

a. *Adathoda zeylanica*

b. *Myrica nagi*

c. *Vitex nugundo*

d. *Coleus aromaticus*

Fig 6.2 ISOLAMENTO DOS ENDOFÍCIOS DAS FOLHAS E DOS ESTILOS

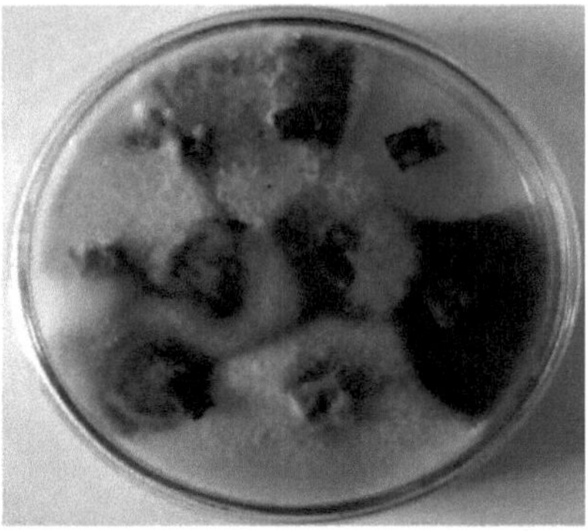

Isolados de folhas de *Coleus aromaticus* (Benth)

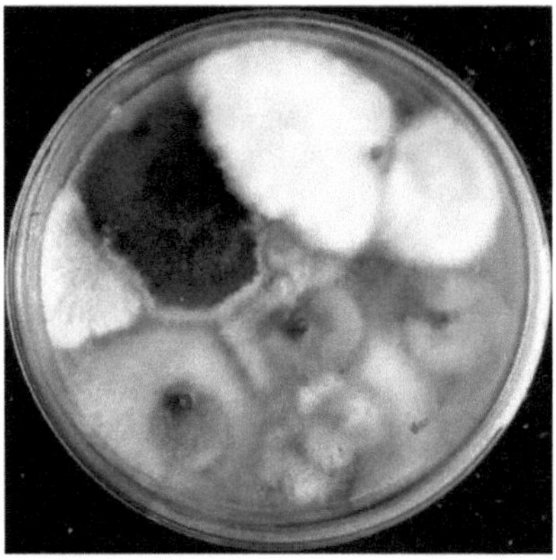

Isolados do caule de *Adathoda zeylanica* (Clarke e Bennet)

Fig 6.3 CULTIVOS PUROS DE ISOLADOS

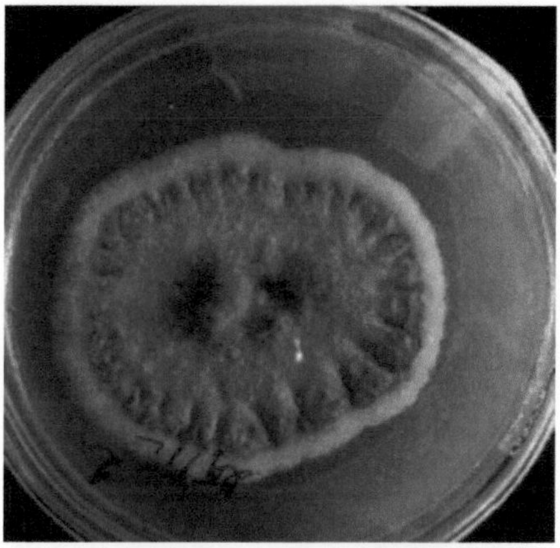

Cladosporium cladosporioides

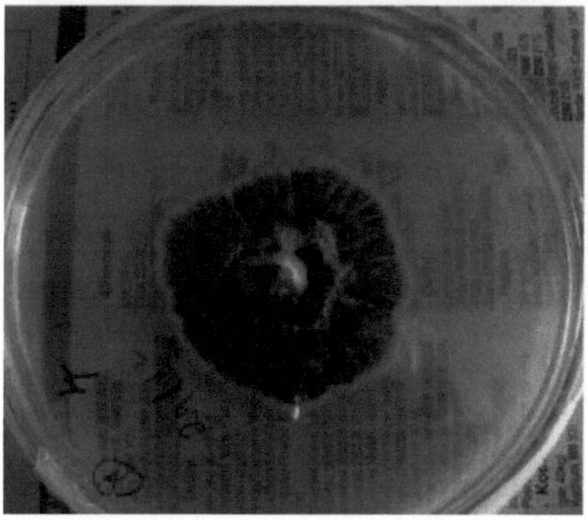

Phoma Sp.

Fig 6.4 IDENTIFICAÇÃO MORFOLÓGICA DOS ENDOFITOS (PLACA IV)

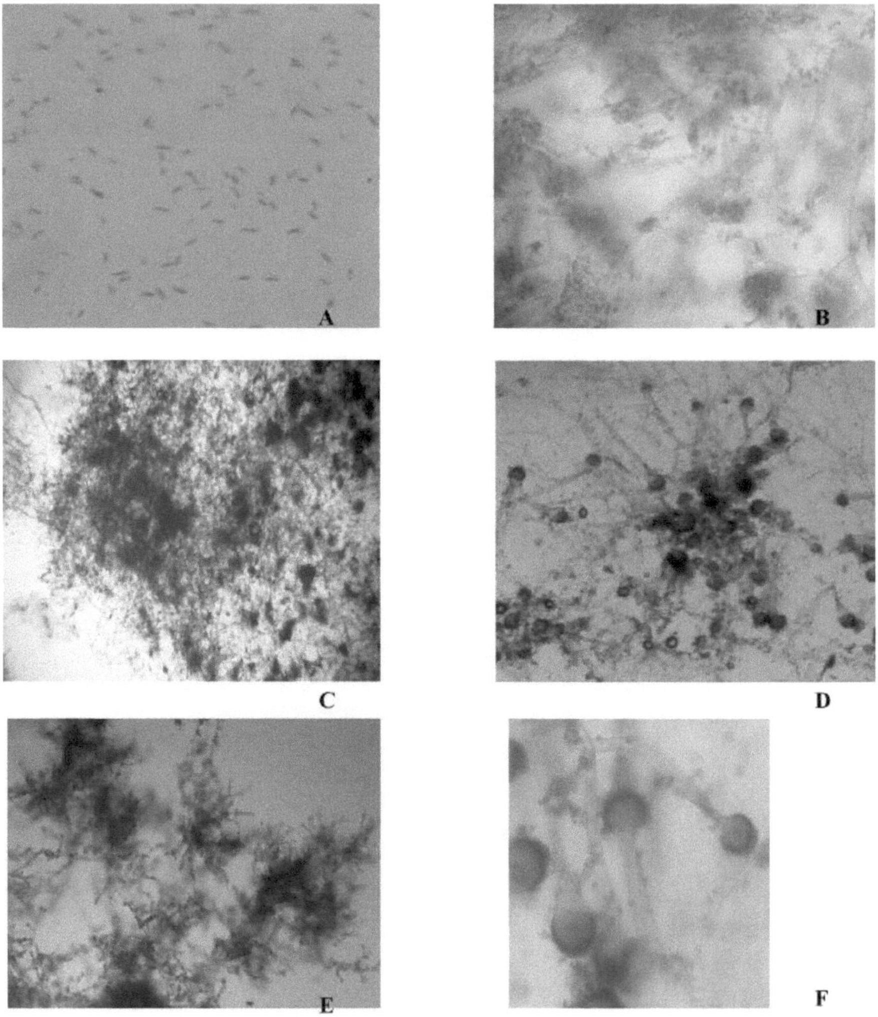

A. *Acremonium* Sp B. *Cladosporium* Sp C. *Phoma* Sp

D. *Aspergillus fumigatus* E. *Trichoderma* Sp F. *Aspergillus*

Fig 6.5 CULTIVO DE FLASCAS DOS ENDOFITOS

PLACA V

Phoma Sp.

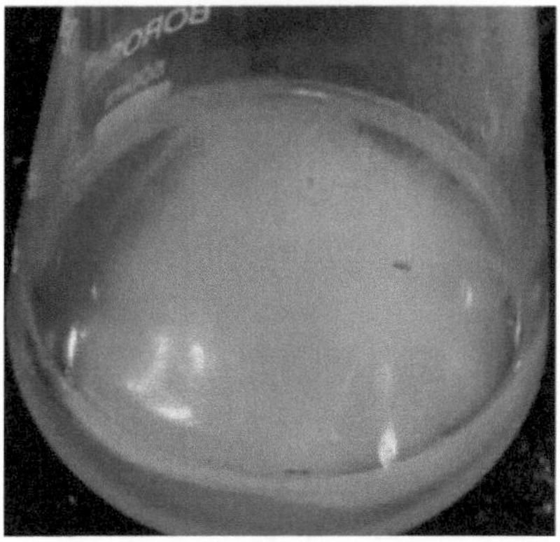

Cladosporium Sp.

Fig 6.6 PRODUTO AIM e CHITOSAN

PLACA VI

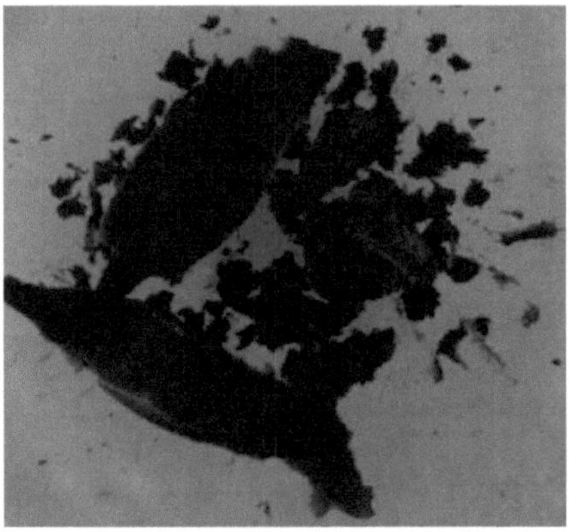

AIM (Alkali Insoluble Material) obtido durante o processo de extração do quitosano

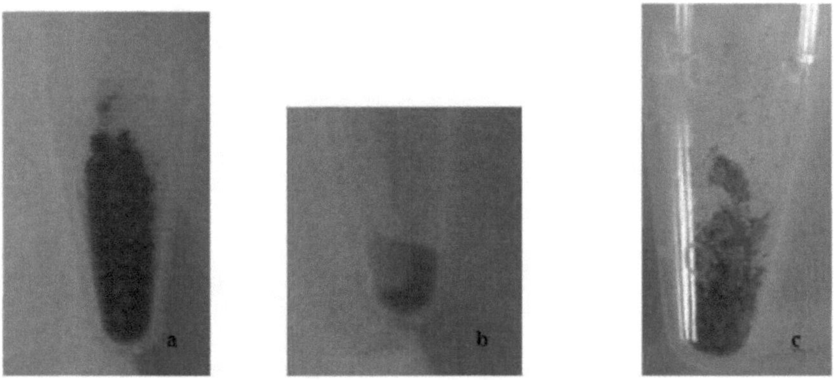

a. Quitosano extraído de *Aspergillus flavus* b. Quitosano extraído de *Cladosporium cladosporioides* c. Quitosano extraído de *Phoma* Sp.

REFERÊNCIAS

1. Amorim, R.V.S, Pedrosa, R.P., Fukushima, K., Martínez, C.R., Ledingham, W.M. e Campos-Takaki, G.M. (2006) "Alternative Carbon Sources from Sugar Cane Process for Submerged Cultivation of *Cunninghamella bertholletiae* to Produce Chitosan", Food Technol. Biotechnol, Vol. 44, No. 4, pp. 519-523.

2. Amorim, R.V.S., Ledingham, W.M., Fukushima, K. e Campos-Takaki, G.M. (2005) 'Screening of Chitin Deacetylase from Mucoralean Strains (Zygomycetes) and its Relationship to Cell Growth Rate', Journal of Industrial Microbiology and Biotechnology, Vol. 32, No. 1, pp. 19-23.

3. Aranaz, I., Mengíbar, M., Harris, R., Paños, I., Miralles, B., Acosta, N., Galed, G. e Heras, A. (2009) "Functional Characterization of Chitin and Chitosan", Current Chemical Biology, Vol. 3, pp. 203-230.

4. Arcidiacono, S. e Kaplan, D.L. (1992) "Molecular Weight Distribution of Chitosan Isolated from *Mucor rouxii* Under Different Culture and Processing Conditions", Biotechnology Bioengineering, Vol. 39, pp. 281286.

5. Arcidiacono, S., Lombaardi, S.J. e Kaplan, D.L. (1989) 'Fermentation, Processing and Enzyme Characterization for Chitosan Biosynthesis by *Mucor rouxii,* In Sjak-Braek, G., Anthonsen, T. & Sandford, P. Chitin & Chitosan, New York. Elsevier, pp. 319-332.

6. Bacon, C. W. e White, J. F. (2000) 'Microbial Endophytes', Marcel Dekker, Inc, NY, pp. 237-261.

7. Baxter A., Dillon M., Anthony Taylor K.D. e Roberts G.A.F. (1992) "Improved Method for IR Determination of the Degree of N-Acetylation of Chitosan", I. J. Biol. Macromol, Vol. 14, No. 3, pp. 166-169.

8. Bhuvaneswari, S., Narayanan, R., Kannan, K.P., e Udaya Prakash N.K. (2008) 'A Study on the Diversity of Endophytic Fungal Community in *Parthinium hysterophorus* ', Indian Journal of Applied Microbiology, Vol. 9, pp. 19-23.

9. Bills, G.F. e Polishook J.D. (1991) 'Micro Fungi from *Carpinus caroliniana'*, Can.

J. Bot., Vol. 69, pp. 1477-1482.

10. Bolat, Y., Bilgin, S., Gunlu, A., Izci, L., Koca, S.B., Qetinkaya, S. e Koca, H.U. (2010), 'Chitin-Chitosan Yield of Freshwater Crab *(Potamon potamios,* Olivier 1804) Shell', Pak. Vet. J., Vol. 30, No. 4, pp. 227-231.

11. Booth, C. (1971). "Introduction to General Methods", In: Methods in Microbiology, Vol. 4, Academic Press, Londres, pp. 1-47.

12. Chatterjee, S., Adhya, M., Guha, A.K. e Chatterjee, B.P. (2005) "Chitosan from *Mucor rouxii:* Production and Physico-Chemical Characterization", Process Biochemistry, Vol. 40, pp. 395-400.

13. Clay, K. e Holah, J. (1999) 'Fungal Endophyte Symbiosis and Plant Diversity in Succession Fields', Science, Vol. 285, pp. 1742-1744.

14. Crini, G. (2005) "Recent Developments in Polysaccharide-Based Materials Used as Adsorbents in Wastewater Treatment", Prog. Polym. Sci., Vol. 30, No. 1, pp. 38-70.

15. Davoust, N. e Persson, A. (1992) "Effects of Growth Morphology and Time of Harvesting on the Chitosan Yield of *Absidia repens",* Applied Microbiology and Biotechnology, Vol. 37, pp. 527-575.

16. Debary, A. (1866) "Morphologie und physiologie der pilze", Flechten and Myxomyceten, Engelmann', Vol. 2, Lepzig.

17. Di Lena, G., Annibate A.D. e Giovannozzi-Sermanni, G. (1994) "Influence of the Age Growth Conditions on the Mycelial Chitin Content of *Lentinus edodes"* J. Basic Microbiol, Vol. 38, pp. 323-328.

18. Dobranic, J.K., Johnson, J.A. and Alikhan, Q.R. (1995), 'Isolation of Endophytic Fungi From Eastern Larch *(Larix laricina)* leaves from New Brunswick, Cananda', Canadian Journal of Microbiology, Vol. 4, pp. 194198.

19. Dos S., José E., Soares, Joao da P. Dockal, Edward R., Filho, Sergio P. Campana and Cavalheiro, Eder T.G. (2003) 'Caracterizaçao de quitosanas comerciáis de diferentes origens' Polímero: Ciência e Tecnología, Vol. 13, No. 4, pp. 242-249.

20. El-Ghaouth, A., Ponnampalam, R., Castaigne, F. e Arul, J. (1992) "Chitosan Coating to Extend the Storage Life of Tomatoes", Horticult. Sci., Vol. 27, pp. 1016-1018.

21. Ferber, D. (2001) "Gene Therapy: Safer and Virus-Free? Science, Vol. 294, pp. 1638-1642.

22. Fisher, P.J., Petrini, O., Petrini, L.E., e Sutton, B.C. (1994) 'Fungal Endophytes from the Leaves and Twigs of *Quercus ilex',* L. from England, Majorca and Switzerland, Vol. 127, No. 1, pp. 133-137.

23. Francis, S., Matthew, J.K. e Howard, W.T. (2000) "Application of Chitosan Based Polysaccharide Biomaterials in Cartilage Tissue Engineering: A Review", Biomaterials, Vol. 21, No. 24, pp. 2589-2598.

24. Franco, L.O, Thayza C.M, Newton, P. e Campos-Takaki, G.M. (2005) ' *Cunningamella elegans* (IFM 46109) como fonte de quitina e quitosana', Revista Analytica, Vol. 4, No. 14, pp. 40-44.

25. Frohlich, J., Hyde, K.D. e Petrini, O. (2000) 'Endophytic Fungi Associated with Palms' Mycol. Res., Vol. 104, No. 10, pp. 1202-1212.

26. Gupta B., Abha A., Shalini S. e Mohammad S.A. (2008) 'Preparation of Chitosan-Polyethylene Glycol Coated Cotton Membranes for Wound Dressings: Preparation and Characterization", Polymers for Advanced Technologies, Vol. 20, pp. 58-65.

27. Hackmam, R. (1955) "Chitin III. Adsorption of Proteins to Chitin", Aus. J. Biol. Sci., Vol. 8, pp. 530-536.

28. Hawksworth, D. L., Kirk, P.M., Sutton, B.C. e Pegler, D.N. (1995) 'Ainsworth and Bisby's Dictionary of the Fungi (8th Ed.)'. CAB International, Wallingford, Reino Unido, pp. 616.

29. Helander, I., Nurmiaho-Lassila, E., Ahvenainen, R., Rhoades, J. e Roller, S. (2001) 'Chitosan Disrupts the Barrier Properties of the Outer Membrane of Gram-Negative Bacteria', Int. J. Food Microbiol, Vol. 71, pp. 235-244.

30. Hirano, S. (1996) "Chitin Biotechnology Application", Biotechnol. Annu. Rev.,

Vol. 2, pp. 237-258.

31. Ho, M.H., Wang, D.M., e Hsieh, H.J. (2005) 'Preparation and Characterization of RGD-Immobilized Chitosan Scaffolds', Biomaterials, Vol. 26, No. 16, pp. 3197-3206.

32. Howling, G.I., Dettmar, P.W., Goddard, P.A., Hampson, F.C., Dornish, M. e Wood, E.J. (2001) "The Effect of Chitin and Chitosan on the Proliferation of Human Skin Fibroblasts and Keratinocytes *in vitro"*, Biomaterials, Vol. 22, No. 22, pp. 2959-2966.

33. Hu, K.J., Yeung, K.W., Ho, K.P. e Hu, J.L. (1999), "Rapid Extraction of High-Quality Chitosan from Mycelia of *Absidia glauca"*, Journal of Food Biochemistry, Vol. 23, pp. 187-196.

34. Huang, W.Y., Cai, Y.Z., Hyde, K.D., Corke, J. e Sun, M. (2008) 'Biodiversity of Endophytic Fungi Associated with 29 Traditional Chinese Medicinal Plants', Fungal Diversity, Vol. 33, pp. 61-75.

35. Hussain, H., Krohn, K., Draeger, S., Meier, K. e Schulz, B. (2009) 'Bioactive Chemical Constituents of a Sterile Endophytic Fungus from *Meliotus dentatus'*, Records of Natural Products, Vol 3, No. 2, pp. 114117.

36. Jeon, Y.J., e Kim, S.K. (2002) "Antitumor Activity of Chitosan Oligosaccharides Produced in Ultrafiltration Membrance Reator System", J. Microbiol. Biotechnol, Vol. 12, No. 3, pp. 503-507.

37. Jeuniaux, C. (1978) 'Distribution and Quantitative Importance of Chitin in Animals' In R.A.A. Muzzarelli and E.R. Pariser (ed.), Proceedings of the First International Conference on Chitin/Chitosan. MIT Sea Grant Report MITSG 78-7, Índice n.º 78-307-Dmb. Instituto de Tecnologia de Massachusetts, Cambridge, pp. 5-10.

38. Kannan, K.P., Udaya Prakash, N.K. e Muthumary, J., (2005) 'A Comparative Account on the Endophytic Mycoflora of Gymnosperms from Bangalore and Singapore', Pollution Research, Vol. 24, pp. 1-6.

39. Kannan, M., Nesakumari, M., Rajarathinam, K. e Ranjit S.A.J.A. (2010),

'Production and Characterization of Mushroom Chitosan under Solid-State Fermentation Conditions', Advances in Biological Research, Vol. 4, No. 1, pp. 10-13.

40. Kasaai, M. R. (2008) "A Review of Several Reported Procedures to Determine the Degree of N-Acetylation for Chitin and Chitosan Using Infrared Spectroscopy", Carbohydr. Polym, Vol. 71, pp. 497-508.

41. Khalaf, S.A. (2004) 'Production and Characterization of Fungal Chitosan Under Solid-State Fermentation Conditions', Int. J. Agri. Biol., Vol. 6, No. 6, pp. 1033-1036.

42. Khan, T., Peh, K. e Chang, H.S. (2002) 'Reporting Degree of Deacetylation Values of Chitosan: The Influence of Analytical Methods', J. Pharm. Sci., Vol. 5, pp. 205-212.

43. Kim, C.H., Kim, S.Y. e Choi, K.S. (1997) 'Synthesis and Antibacterial Activity of Water-Soluble Chitin Derivatives', Polym. Adv. Technol., Vol. 8, No. 5, pp. 319-325.

44. Kim, W.J., Lee, W.G., Theodore, K. e Chang, H.N. (2001) 'Otimização das condições de cultura e produção contínua de quitosano pelo fungo *Absidia coerulea*\ Biotechnol. Process Eng., Vol. 6, pp. 6-10.

45. Kleekayai, T. and Suntornsuk, W. (2010) 'Production and Characterization of Chitosan Obtained from *Rhizopus oryzae* Grown on Potato Chip Processing Waste', World J. Microbiol. Biotechnol, Vol. 10, pp. 14-17.

46. Knorr, D. (1991) "Recovery and Utilization of Chitin and Chitosan in Food Processing Waste Management", Food Technol, Vol., 26, pp. 114-22.

47. Koide, S.S. (1998) "Chitin-Chitosan: Properties, Benefits and Risks", Nut. Res., Vol.18, pp. 1091-1101.

48. Koping-Hoggard, M., Varum, K. e Issa, M. (2004) "Improved Chitosan Mediated Gene Delivery Based on Easily Dissociated Chitosan Polyplexes of Highly Defined Chitosan Oligomers", Gene Ther., Vol. 11, pp. 14411452.

49. Kucera, J. (2004) 'Fungal Mycelium-The Source of Chitosan for Chromatography', J. Chromatogr. B. Analyt. Technol. Biomed. Life Sci., Vol. 808, pp. 69-73.

50. Kumar, M.N.V.R., Muzarelli, R.A.A., Muzarelli, C., Sashiwa, H., Domb, A.J. (2004) "Chitosan Chemistry and Pharmaceutical Perspectives", Chem. Rev., Vol. 104, pp. 6017-6084.

51. Kumaresan, V. e Suryanarayanan, T.S. (2002) 'Endophyte Assemblage in Young, Mature and Senescent Leaves of *Rhozophora apiculata:* Evidence for the Role of Endophytes in Mangrove Litter Degradation", Fungal Diversity, Vol. 9, pp. 81-91.

52. Latge, J.P. e Calderone, R. (2006) 'The Fungal Cell Wall, A Comprehensive Treatise on Fungi as Experimental Systems for Basic and Applied Research, Growth, Differentiation and Sexuality', 2nd Edition, pp.75-85.

53. Li, Q.D., Dunn, E.T., Grandmaison E.W. e Goosen, M.F.A. (1992) 'Applications and Properties of Chitosan', J Bioact Compat Polym; Vol. 7, pp. 370-397.

54. Limam, Z., Selmi, S., Sadok, S. e El Abed, A. (2011) 'Extraction and Characterization of Chitin and Chitosan from Crustacean By-Products: Biological and Physicochemical Properties", Afr. J. Biotechnol, Vol. 10, No. 4, pp. 640-647.

55. Linden, J., Stoner, R., Knutson, K. e Gardner-Hughes, C. (2000) "Organic Disease Control Elicitors", Agro Food Industry Hi-Te., pp.12-15.

56. Liu, J., Zhang, J. e Xia, W. (2008) 'Hypocholesterolaemic Effects of Different Chitosan Samples *in vitro* and *in vivo*. Food Chem, Vol. 107, No. 1, pp. 419-425.

57. Maghsoodi, V., Soheila, Y. e Mohammad, B.S. (2008) 'Influence of Different Nitrogen Sources on Amount of Chitosan Production by *Aspergillus niger* in Solid State Fermentation', Iran. J. Chem. Chem. Eng., Vol. 27, No. 1, pp. 47-52.

58. Maghsoodi, V., Razavi, J. e Yaghmaei, S. (2009) "Productionof Chitosan from Submerged Fermentation from *Aspergillus niger*", Chemistry and Chemical Engineering, Vol. 16, No. 2, pp. 145-148.

59. Minagawa, T., Okamura, Y., Shigemasa, Y., Minami, S. e Okamoto Y. (2007) 'Effects of Molecular Weight and Deacetylation Degree of Chitin/Chitosan on Wound Healing', Carbohydr. Polym., Vol. 67, pp 640644.

60. Miya, M., Lwamoto, R., Yoshikawa, S., e Mima, S. (1980). "IR Spectroscopic

Determination of CONH Content in Highly Deacylated Chitosan", International Journal of Biological Macromolecules, Vol. 2, pp. 323-324.

61. Moerschbacher, B., e El Gueddari N. (2007) "Bio-activity Matrices for Partially Acetylated Chitosan Oligomers", Advances in Chitin Science, Vol. 9, pp. 10-23.

62. Mumper, R., Wang, J., Claspell, J. e Rolland, A.P. (1995) 'Novel Polymeric Condensing Carriers for Gene Delivery', Proceedings International Symposium Controlled Release Bioactive Materials, pp. 178179.

63. Muzzarelli, R.A.A., Ilari, P., Tarsi, R., Dubini, B. e Xia, W. (1994) "Chitosan from *Absidia coerulea* Carbohydrate Polymers, Vol. 25, pp. 45-50.

64. Muzzarelli, R., Orlandini, F. e Pacetti, D. (2006) "Chitosan Taurocholate Capacity to Bind Lipids and to Undergo Enzymatic Hydrolysis: *An in vitro* Model", "Carbohydr. Polym., Vol. 66: 363-71.

65. No, H.K., Lee, K.S. and Meyers, S.P. (2000) 'Correlation Between Physicochemical Characteristics and Binding Capacities of Chitosan Products', J. Food Sci., Vol. 65, No. 7, pp. 1134-1137.

66. Nwe, N., Chandrkrachang, S., Stevens, W.F., Maw, T., Tan, T.K. e Khor, E. (2001) 'Production of Fungal Chitosan by Solid State and Submerged Fermentation', Carbohydrate Polymers, Vol. 49, pp. 235-237.

6 7.Okamoto, Y., Minami, Y. e Matsuhashi, A. (1993) "Application of Polymeric N-Acetyl-D-Glucosamine (Chitin) to Veterinary Practice", J. Vet. Med., Vol. 55, pp. 743-7.

68. Pangburn, S.H., Trescony, P.V. e Heller, J. (1982) 'Lysozyme Degradation of Partially Deacetylated Chitin, its Films and Hydrogels', Biomaterials, Vol. 3, No. 2, pp. 105-108.

69. Park, I.K., Kim, T.H., Kim, S.I., Park, Y.H., Kim, W.J. e Akaike, T. (2003) 'Visualization of Transfection of Hepatocytes By Galactosylated Chitosan-Graftpoly (Ethylene Glycol)/DNA Complexes by Confocal Laser Scanning Microscopy', Int. J. Pharm., Vol. 257, pp. 103-110.

70. Park, P.J., Je, J.Y., Jung, W.K., Ahn, C.B., e Kim, S.K. (2004) 'Anticoagulant Activity of Heterochitosans and Their Oligosaccharide Sulfates', Eur. Food Res. Technol., Vol. 219, pp. 529-533.

71. Petrini, O. (1991) "Fungal Endophytes of Tree Leaves", In: Microbial ecology of the leaves (eds. N.J. Fokkema e 1. van den Heuvel). Cambridge University Press, Cambridge, pp. 185-187.

72. Pochanavanich, P. e Suntornsuk, W. (2002) 'Fungal Chitosan Production and Its Characterization', Lett. in Appl. Microbiol, Vol. 35, pp. 17-21.

73. Pusateri, A. E., McCarthy, S. J., Gregory, K.W., Harris, R.A., Cardenas, L., McManus, A.T., and Goodwin, C.W. Jr. (2003) 'Effect of a Chitosan-Based Hemostatic Dressing on Blood Loss and Survival in a Model of Severe Venous Hemorrhage and Hepatic Injury in Swine', Journal of Trauma, Vol. 4, No. 1, pp. 177-182.

74. Radhakumary, C., Divya, G., Nair, P.D., Mathew, S. e Reghunadhan Nair, C.P. (2003) 'Graft Copolymerization of 2-Hydroxy Ethyl Methacrylate onto Chitosan with Cerium (IV) Ion I. Synthesis and Characterization', Journal of Macromolecular Science Part A-Pure and Applied Chemistry, Vol. 40, pp. 715-730.

75. Rane, K.D. e Hoover, D.G. (1993) "An Evaluation of Alkali and Acid Treatment for Chitosan Extraction from Fungi", Process Biochem, Vol. 28, pp. 115-118.

76. Ravindra, N.K., Vijay, C.V., Strobel, G., e Ezra, D. (2008) 'The Endophytic Fungal Complex of *Catharanthus roseus* (L.)', G. Don Current Science, Vol. 95, No. 2, pp. 228-233.

77. Roberts, G.A.F. (1992) "Chitin Chemistry", McMillan Press, Ltd., Londres, pp. 85-91.

78. Saikkonen, K., Helander, M. e Faeth, S. H. (2004) 'Plant Microbiology', (eds Gillings, M. e Holmes, A., BIOS scientific Publishers, Oxford, pp. 79-98.

79. Southcott, K.A. e Johnson, J.A. (1997) 'Isolation of Endophytes from Two Species of Palm from Bermuda', Can. J. Microbiol, Vol. 43, pp. 789-792.

80.Stamford, T.L.M., Stamford, M.P., Neto, B.B. e Campos-Takaki, G.M. (2007) 'Growth of *Cunninghamella elegans* UCP 542 and Production of Chitin and Chitosan Using Yam Bean Medium', Electronic Journal of Biotechnology, Vol. 10, No. 1, pp. 61-68.

81. Strobel, G.A. (2002) "Rainforest Endophytes and Bioactive Products", Critical Reviews in Biotechnology, Vol. 22, No. 4, pp. 315-333.

82. Sudarshan, N.R., Hoover, D.G. e Knorr, D. (1992) "Antibacterial Action of Chitosan", Food Biotechnol, Vol. 6, pp. 257-272.

83.Synowiecki, J. e Al-Khateeb, N.A. (2003) "Production, Properties, and Some New Applications of Chitin and Its Derivatives", Crit. Rev. Food Sci. Nutr., Vol. 43, pp. 145-171.

84. Tan, R. X. e Zou, W.X. (2001) 'Endophytes: A Rich Source of Functional Metabolites', Nat. Prod. Rep, Vol. 18, pp. 448-459.

85. Taylor, J.E., Hyde, K.D. e Jones, E.B.G. (1999) 'Endophytic Fungi Associated with the Temperate Palm, *Trachycarpus fortunei,* Within and Outside its Natural Geographic Range' New Phytol., Vol. 142, pp. 335346.

86. Teng, W. L., Khor, E., Tan, T. K., Lim, L. Y. e Tan, S. L. (2001) 'Concurrent Production of Chitin from Shrimp Shells and Fungi', Carbohydr. Res., Vol. 332, pp. 305-316.

87. Tharanathan, R.N., e Kittur, F.S. (2003) 'Chitin: The Undisputed Biomolecule of Great Potential", Crit Rev Food Sci Nut, Vol. 43, No. 1, pp. 61-87.

88. Toan, N.V. (2011) 'Improved Chitin and Chitosan Production from Black Tiger Shrimp Shells Using Salicylic Acid Pretreatment', The Open Biomaterials Journal, Vol. 3, pp. 1-3.

89. Tokuyasu, K., Ohnishi-Kameyama, M. e Hayashi, K. (1999) "Selective N-deacetylation of p-nitrophenyl N,N'-diacetyl-P-chitobioside and its Use to Differentiate the Action of Two Types of Chitinases", J. Carbohydr. Research, Vol. 316, pp. 173-178.

90. Ueno, H,, Mori, T. e Fujinaga, T. (2001) 'Topical Formulations and Wound Healing Applications of Chitosan', Adv. Drug Deliv. Rev., Vol. 52, pp. 105-115.

91. Vimala, K., Mohan, Y.M., Varaprasad, K., Redd, N.N., Ravindra, S., Naidu, N.S. e Raju, K.M. (2011) "Fabrication of Curcumin Encapsulated Chitosan-PVA Silver Nanocomposite Films for Improved Antimicrobial Activity", Journal of Biomaterials and Nanobiotechnology, Vol. 2, pp. 55-64.

92. Wang, S.L. e Huang, J.R., (2001) "Microbial Reclamation of Shellfish Wastes for the Production of Chitinases", Enzyme Microb. Tech., Vol. 28, pp. 376-382.

93. White, S.A., Farina, P.R. e Fultong, L. (1979) 'Production and Isolation of Chitosan from *Mucor rouxiU,* Appl. and Environ. Microbiol, Vol. 38, pp. 323-328.

94. Wilson, D. (1995). 'Endophytes- The Evolution of a Term and Clarification of its Use and Definition', Oikos, Vol., 73, pp. 274-276.

95. Wong, Y.C., Szeto, Y.S., Cheung, W.H. e McKay, G. (2008) 'Effect of Temperature, Particle Size and Percentage Deacetylation on the Adsorption of Acid Dyes on Chitosan', Adsorption, Vol. 14, No. 1, pp. 11-20.

96. Wu, T., Zivanovic, S., Draughon, F.A., Conway, W.S. e Sams, C.E. (2005) 'Physicochemical Properties and Bioactivity of Fungal Chitin and Chitosan', J. Agric. Food Chem, Vol. 53, pp. 3888-3894.

97. Yadav, A.V. e Bhise, S.B. (2004) "Chitosan: A Potential Biomaterial Effective Against Typhoid", Current Science, Vol. 87, No. 9, pp. 11761178.

98. Zamani, A., Edebo, L., Niklasson, C. e Taherzadeh, M.J. (2010) 'Temperature Shifts for Extraction and Purification of Zygomycetes Chitosan with Dilute Sulfuric Acid', Int. J. Mol. Sci., Vol. 11, pp. 29762987.

99. Zamani, A., Lars E., Björn S. e Mohammad J.T. (2007) 'Extraction and Precipitation of Chitosan from Cell Wall of Zygomycetes Fungi by Dilute Sulfuric Acid', *Biomacromolecules,* Vol. 8, No. 12, pp. 3786-3790.

MIX
Papier aus verantwortungsvollen Quellen
Paper from responsible sources
FSC® C105338

Printed by Books on Demand GmbH, Norderstedt / Germany